近代以来海外涉华艺文图志系列丛书　本卷主编：赵省伟

中国建筑 上卷

［德］恩斯特·伯施曼 著

夜鸣 杜卫华 译

中国画报出版社·北京

图书在版编目（CIP）数据

中国建筑 / (德) 恩斯特·伯施曼著；夜鸣，杜卫华译. -- 北京：中国画报出版社，2021.12（2022.3重印）

（近代以来海外涉华艺文图志系列丛书）

ISBN 978-7-5146-2030-6

Ⅰ.①中… Ⅱ.①恩… ②夜… ③杜… Ⅲ.①建筑史 – 中国 Ⅳ.①TU-092

中国版本图书馆CIP数据核字(2021)第164876号

中国建筑

[德] 恩斯特·伯施曼 著 夜鸣 杜卫华 译

出 版 人	于九涛
项目主持	于九涛　齐丽华
本卷主编	赵省伟
责任编辑	李　媛
营销编辑	孙小雨
责任印制	焦　洋

出版发行　中国画报出版社

地　　址　中国北京市海淀区车公庄西路33号　　邮　　编：100048

发 行 部　010-88417438　010-68414683（传真）

总编室兼传真　010-88417359　版权部：010-88417359

开　　本	16开（787mm × 1092mm）
印　　张	37
字　　数	411千字
版　　次	2021年12月第1版　2022年3月第2次印刷
印　　刷	万卷书坊印刷（天津）有限公司
书　　号	ISBN 978-7-5146-2030-6
定　　价	198.00元（全二卷）

出版说明

1906—1909 年，德国人恩斯特·伯施曼便穿越中国 14 个省区，对当时的建筑进行了全面考察，并拍摄了大量的照片。这比梁思成、林徽因的考察早了 20 年，他也因此得到了"中国建筑摄影鼻祖"的称号。

一、全书分上、下两卷，共 20 章，收录了 13 万余字、700 余幅图片。

二、书中涉及的省级行政区划之下的地名沿用了 1906—1909 年伯施曼考察时的称谓，以便读者重回一百多年前伯施曼在中国考察时的历史场景。

三、本书首版于 1925 年，一些地方的称谓与伯施曼考察时相比，变化较大。为了便于读者理解，编者酌情在文中添加了一些脚注。

四、为了方便读者阅读，编者将图片附于每章文字后面，并且重新编号。

五、由于年代已久，部分图片褪色，颜色深浅不一。为了更好地呈现图片内容，保证印刷整齐精美，我们对图片色调做了统一处理。

六、由于能力有限，书中个别人名、地名无法查出，皆采用音译并注明原文。

七、由于时间仓促，统筹出版过程中难免出现疏漏、错讹，恳请广大读者批评指正。

最后，感谢赖德霖老师以及《建筑学报》授权使用《试论伯施曼对中国近代建筑之影响》一文，感谢赵娟老师提出了很多中肯意见并翻译了部分文字。

编　者

试论伯施曼对中国近代建筑之影响 [①]

赖德霖

　　了解中国近代建筑史的人们都知道美国建筑师茂飞和中国学者乐嘉藻。前者设计了大量符合现代材料和结构技术原理，同时又具有清代官式建筑风格的新建筑；后者在 1935 年出版的《中国建筑史》一书则是中国同类著作中的第一部。目前有关二人生平及其设计或著作的讨论与研究已不鲜见，但有两个问题似乎仍有待回答：茂氏虽然有机会访问北京、广州和南京等中国重要城市，并参观紫禁城这样高等级的建筑实例，但他有关中国建筑的文章除了一般性的概述，并无详细的调查资料。他能够设计出造型相对准确、类型又颇为多样的中国风格建筑，原因何在？乐氏不是中国营造学社会员，应该没有梁思成、刘敦桢那样多的田野考察机会。他的著作提到了许多营造学社出版物并未介绍过的实例，它们又源自何处？更进一步的问题是，在 20 世纪初期，大多数建筑师没有接受过中国古代建筑史的教育，也很难有充足的时间和条件业余进行实地考察，那么他们设计中国风格的建筑所参照的样本是什么？这些问题看似不大，但又是研究中国风格建筑和中国建筑史必须面对的问题。它们的部分答案其实就在当时的一些出版物中，而德国学者恩斯特·伯施曼的著作《中国建筑与风景》和《中国建筑》就是其中的佼佼者。[②]

　　近年来中国建筑史学史研究有了长足的发展。但截至目前，学界关注的重点还只是中国营造学社，特别是梁思成、刘敦桢和林徽因等人的研究和论述。尽管伯施曼曾经是营造学社通信研究员的事实已是众所周知，近年来有关他的生平、来华经历及学术成果也不乏较为系统的介绍，更有学者探讨了他的建筑史研究的人类学视角

① 本文原载于《建筑学报》，2011 年，第 5 期。——编者注

② 恩斯特·伯施曼：《中国建筑与风景：穿越 12 个省的旅程》，柏林，1923 年；《中国建筑》，二卷，柏林：瓦斯穆特出版社，1925 年。感谢李江先生和杨菁女士帮助发现该书。伯施曼在中国共考察了 14 个省份。《中国建筑与风景》已结集为《西洋镜：一个德国建筑师眼中的中国 1906—1909》，于 2017 年出版。——编者注

及其与梁、刘等人技术与法式研究的区别，[①] 然而无论是在中国还是在欧洲，对他当时中国建筑创作和研究的促进作用却鲜有论及。其主要原因，在笔者看来，不仅仅在于中英文读者对于伯施曼的德文著述存在语言上的障碍，更主要的还在于双方学者在研究方法上的相对孤立，即未能自觉地将书面文献与实地材料相互参证，并将域外论著与本土研究进行对比。本文拟将伯施曼的《中国建筑与风景》《中国建筑》与其后的一些中国风格的建筑设计和建筑史写作进行对照。笔者相信，这一研究不仅可以揭示伯施曼对于中国近代建筑的影响，还可以帮助我们从一个侧面认识中国近代建筑史上学术研究与建筑实践的互动、中外学者之间的交流与砥砺，以及中国学者们对于西方研究的取长。据何国涛编译的材料，伯施曼 1891 年进入柏林的夏洛滕堡工学院（Technische Hochschule Charlottenburg，今柏林工业大学）攻读房屋建筑专业。1896—1901 年，他曾任管理房屋建筑的长官，在东普鲁士军队房地产管理处工作。1902—1904 年，他以建筑官员（隶属于德国驻东亚的殖民部队）的身份在中国工作。1906 年 8 月，他又以德国驻北京公使馆科学顾问的身份来华，其间对中国建筑开展了长达 3 年的调查研究。到 1909 年，他探访了中国当时 18 个省份中的 14 个，收集和拍摄了大量照片，还对一些古代建筑进行了实测。他的部分调研成果发表在《中国建筑与宗教文化》（三卷，1911、1914、1923，中国画报出版社即将出版）、《中国建筑与风景》（1923）、《中国建筑》（二卷）（1925），以及《中国建筑陶艺》（1927）等专著之中。《中国建筑》共计正文 162 页、照片 700 余幅、测绘图 103版、速写 8 幅、地图 2 幅。全书共 20 章，分别为：1. 城墙，2. 大门，3. 殿堂，4. 砖石建筑，5. 亭子，6. 楼阁，7. 中线对称建筑，8. 梁架与立柱，9. 屋顶装饰，10. 立面雕饰，11. 栏杆，12. 基座横饰，13. 墙壁，14. 琉璃，15. 浮雕，16. 路边祭坛，17. 坟墓，18. 石碑，19. 牌楼，20. 宝塔。[②] 而《中国建筑与风景》也有 288 页摄影图版。这些照片和测绘图不仅反映出中国建筑在地域风格、功能和造型类型上的多样性，而且以其对细节的重视显示出中国建筑的工艺特点及其与宗教和文化的关联。

---

① 除了上述文章，这些系统的介绍还包括 2011 年 1 月 13 日至 14 日在柏林理工学院举行的题为"伯施曼与中国传统建筑的早期研究"（恩斯特·伯施曼和中国传统建筑的早期研究）国际研讨会，以及爱德华·科构（Eduard Kgel）的论文《德国早期对中国古代建筑的研究（1900—1930 年）》，《柏林中国历史／社会》，2011 年，第 39 期，第 81—91 页。感谢科构先生惠赠大作。

② 据何国涛（编译）：《记德国汉学家伯施曼教授对中国古建筑的考察与研究》，《古建园林技术》2005 年第 3 期，第 16—17 页。此文由何国涛改编、改译。

伯施曼的著作是 20 世纪初期少数（只有两本）对中国建筑进行全面介绍的重要专著。尽管其德文文字有可能会妨碍中英文读者对于作者观点的接受，但其中大量精美的照片和测绘图无疑为当时的建筑人士了解中国建筑提供了宝贵参考。从中获益最多的建筑家当属茂飞。茂飞的中国风格建筑设计一直体现出他对清代官式建筑的追摹。1914 年当他初次到中国并进入紫禁城之后，就被它那纯粹而庄严的建筑深深地震撼了，[1]继而称赞它是世界上最完美的建筑群。[2]1919—1926 年在设计北京燕京大学校园建筑时，他的事务所便充分利用了在京的有利条件，近距离地观摩紫禁城。至今中国第二历史档案馆还保存着当年美国工程人员要求赴三大殿摄影的文书。这位名叫赫尔（H. E. Hill）的美国建筑师（茂飞事务所的成员）为了赴故宫参观，通过美国大使馆与北洋政府内政部进行了多次信件沟通。[3]

完成燕京大学工程之后，茂飞在中国的活动主要集中在南方。1923 年，他应广州市市长孙科的邀请为该市做规划，1927 年又担任了南京国民政府首都计划的首席顾问，还在 1931 年获得了南京国民革命军阵亡将士公墓的设计委托。虽然直接借鉴

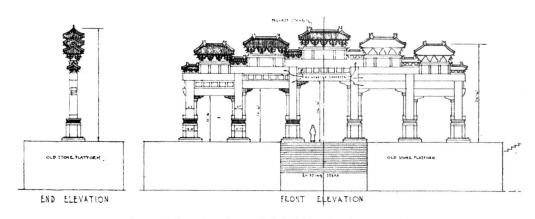

南京国民革命军阵亡将士公墓的大牌楼。茂飞摄于 1931 年

---

① 亨利·基拉姆·茂飞（Henry Killam Murphy）：《中国的建筑复兴：过去伟大风格的现代公共建筑的利用》，《亚洲》，1928 年，第 1 卷第 28 期，第 468 页。

② 《赞美紫禁城之美：纽约建筑师称其包含了世界上最好的建筑群》，《纽约时报》，1926 年 7 月 18 日。

③ 《美国工程人员要求赴三大殿摄影有关文书》，《中国第二历史档案馆档案》，第 1001—5362 页。据郭伟杰："H. E. Hill 是一名纽约建筑师，""他负责在茂飞离开（燕京）大学工地时提供技术指导。"见杰弗里·W. 科迪：《中国建筑：亨利·茂飞的适应性建筑》，1914—1935 年，华盛顿大学出版社、香港中文大学出版社，2001 年，第 149 页。

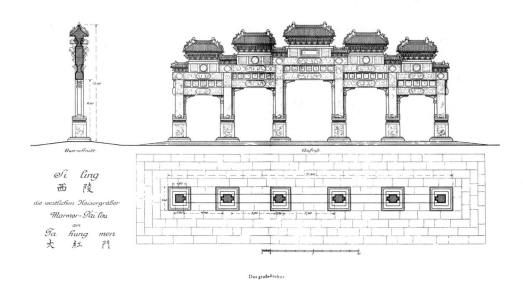

清西陵石牌楼

北京官式建筑实物的机会越来越少，但他却能利用其他有关中国建筑的视觉材料作为设计参考。伯施曼的《中国建筑》一书无疑就是其中之一。茂飞的设计清楚地反映出了伯施曼著作的影响。尤其是他为阵亡将士公墓所作的六柱五楼大牌楼设计，除了比例缩小三分之一和斗栱攒数有所减少之外，整体造型和多数局部竟完全是照抄伯施曼著作中"清西陵石牌楼"①一图的测绘图。公墓梅花瓣平面的墓圹也显然参考了伯施曼著作中"普陀山一处墓地"②的造型。对于公墓的纪念塔，曾有学者认为是对 19 世纪中期毁于太平天国运动时期的明代南京大报恩寺塔的复原，但对照伯施曼著作中"广州六榕寺花塔"③的照片，我们便可以看出二者之间的高度相似性。此外，纪念塔前石栏板的莲叶瓶及望柱的叠云柱头造型也可以在伯施曼著作图 398—图 399（参见308—309 页）中找到来源。

　　乐嘉藻也是伯施曼著作的获益者。这位在中年就立志研究中国建筑的学者在晚年曾对自己拥有的研究条件不无感慨地说："其初预定之计划，本以实物观察为主要，

① 本书"牌楼"一章的图 610，参见 458 页。——编者注
② 本书"坟墓"一章的图 548—图 549，参见 412 页。——编者注
③ 本书"宝塔"一章的图 687，参见 506 页。——编者注

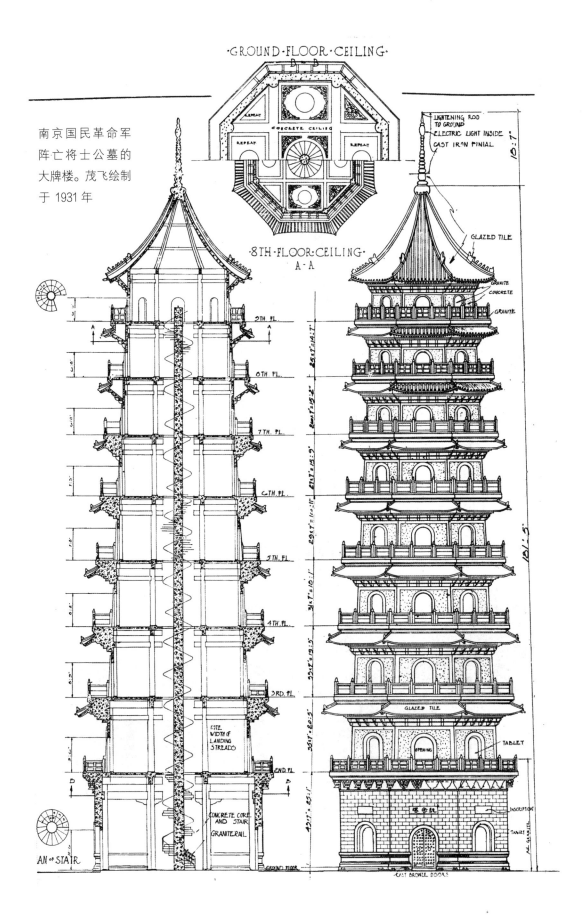

南京国民革命军
阵亡将士公墓的
大牌楼。茂飞绘制
于 1931 年

广东六榕寺的花塔

而室家累人，游历之费无出。故除旧京之外，各省调查，直付梦想。"[1]所幸的是，当时的出版物在一定程度上为他提供了方便。所以他又说："幸生当斯世，照相与印刷业之发达，风景片中不少建筑物，故虽不出都市，而尚可求之纸面。"[2]将乐嘉藻的《中国建筑史》与伯施曼的两部著作比对，可以看出伯施曼的著作就是乐嘉藻这些纸面材料的一部分。例如乐嘉藻著作的第13章（"城市"）的图6（"辽金元明四朝北京沿革图"）中的元、明部分就当参照了《中国建筑》（图8，参见20页）的"北京的平面图"一图。此外，他还根据伯施曼著作的图片描绘了一些插图。如其第7章"塔"中的插图3（"西安慈恩寺之雁塔"）、图7（"北京阜成门外八里庄之万寿塔"）和图12（"北京正觉寺五塔"）当分别描摹自《中国建筑与风景》的图102、图109和图107[3]；乐嘉藻著作的插图5（"山东兖州之龙兴寺塔"）、图9（"广州之六榕寺塔"）、图10（"浙江普陀山太子塔"），以及图15（"北京颐和园、玉泉山两处之五色琉璃塔"）则显然分别描摹自《中国建筑》的图684（参见504页）、图687（参见506页）、图689（参

浙江普陀山太子塔

北京颐和园、玉泉山两处之五色琉璃塔

---

① 乐嘉藻：《中国建筑史》绪论部分，北京：团结出版社，2005年，第2页。
② 同上。
③ 这些图分别在《西洋镜：一个德国建筑师眼中的中国1906—1909》的第126—127页、第20—21页、第17页。——编者注

浙江普陀山的太子塔　　　　　　　　　　　　北京玉泉山的五彩琉璃塔

见 508 页）、图 707（参见 523 页），以及图 691（参见 510 页）。其中"太子塔图"在构图上与照片左右相反，说明该图先是被描绘在透明纸上，付印时被正反倒置。

　　茂飞的设计以及乐嘉藻的中国建筑史研究或参照或描摹了伯施曼著作中的图片，这一发现促使我们在更大的范围里考察后者的影响。事实上伯施曼的著作不仅嘉惠了茂飞和乐嘉藻二人，也是其他一些中国建筑师和建筑史家参考甚至批判的对象。

　　郭伟杰指出南京阵亡将士公墓的六柱五楼大牌楼是由当时在茂飞事务所工作的董大酉经手设计的。[1] 这一事实说明了董大酉受到了伯施曼著作的影响。这一影响至少还可见于董大酉在 1931 年设计的大上海体育馆。对比它与《中国建筑》中图 706（"北京碧云寺汉白玉塔"，参见 522 页）两座建筑须弥座束腰部位的玛瑙柱子和椀花结带图案的造型，我们就能看出二者的关联，尽管董大酉制作的须弥座的上枭和下枭都有所简化。

　　此外，营造学社社员、建筑师卢树森在 1935 年设计的南京中山陵园的藏经楼也

---

[1] 杰弗里・W. 科迪：《中国建筑：亨利・茂飞的适应性建筑》，1914—1935 年，第 22 页。

大上海体育馆的须弥座。建于 1931 年。董大酉
摄于 1997 年

北京香山碧云寺的金刚宝座塔（局部）

得益于《中国建筑》。这座颇为纯粹的清代官式风格建筑看起来在书中并没有对应的
实物，不过它与伯施曼著作中的"苏州玄妙观弥罗阁"[1] 均在歇山形屋顶上另加一个略
小的悬山顶，这一共同特征正好体现了二者的关联。如何将中国建筑的屋顶改造为有
用的空间是现代中国风格建筑设计的一个挑战。曾有建筑师试图按照西方的办法在中
式屋顶上开辟老虎窗以便通风和采光，但结果却造成了屋顶中式风格的弱化。弥罗阁
的这一手法——将歇山顶中央升高，附加悬山顶，利用两个屋顶之间的间隔开窗，为
藏经楼的设计提供了一个极佳的范本。卢树森作品中的藏经楼与伯施曼著作中的弥罗
阁的不同体现了一种规范化的努力，即建筑师并没有照搬原来的建筑风格，而是采用
了清代官式建筑的做法，设立了平座栏杆和八角形天井（室内）。这些又都是营造学
社通过研究《清式营造则例》《营造法式》（宋代），以及调查蓟县独乐寺观音阁所获
得的古代官式建筑的语言。同样的屋顶做法在杨廷宝于 1947 年设计的南京"中央研
究院"社会科学研究所的建筑上也可以看到。

　　1925 年南京中山陵和 1926 年广州中山纪念堂的设计正值伯施曼著作出版之时。
两处主体建筑在整体造型和细部处理上并没有明显地效仿任何伯施曼著作提供的实
例。建筑师吕彦直曾作为茂飞的绘图员，在 1919 年参与了（南京）金陵女子大学的
中国风格校园建筑的设计，[2] 所以他对中国传统建筑的了解应当另有来源。不过从两处
建筑群的个别小品和一些细部依然可以看出他曾参考了伯施曼的著作。通过对比不难

[1] 本书"殿堂"一章的图 64，参见 65 页。——编者注
[2] 《故吕彦直建筑师小传》，《时事新报》，1930 年报 2 月 5 日。此外，目前有关茂飞及金陵女子学院
　　的介绍经常引用的一张学院鸟瞰图就是吕彦直绘制的。原图现存于美国耶鲁大学斯特林纪念图书馆，上
　　有吕彦直的签名缩写"Y．C．L．"。此图初绘时间为 1919 年 6 月 13 日，修改时间为 1920 年。

南京中山陵园的藏经楼。卢树森摄于 1935 年

苏州玄妙观的弥罗阁

南京中央研究院社会科学研究所。杨廷宝摄于 1947 年

发现，中山陵祭堂前广场两端的华表的柱头、柱身甚至须弥座的造型都与《中国建筑与风景》图 24[①]与《中国建筑》图 240—图 243（参见 205 页）中的华表如出一辙。

上述实例说明，20 世纪 20—30 年代大多数建筑家对于中国建筑尚缺乏系统了解，且无力实地考察。在这种情况下，一些有关中国建筑的图片材料便充当了中式建筑设计以及有关论述的参考。伯施曼的《中国建筑与风景》和《中国建筑》所记录的中国建筑类型丰富，图片清晰，因而受到学界的广泛重视。另外值得注意的是，尽管伯施曼著作中的材料得自当时中国的 14 个省，具有广泛性、多样性，但上述建筑家们并无意效仿其中装饰繁冗或造型夸张的地方风格，而更倾向于参考清代的北方官式建筑进行修改。伯施曼也因此通过自己的调查服务了 20 世纪 20 年代和 30 年代中式建筑的创作，或如傅朝卿所说的"20 世纪中国新建筑官制化的历史"。[②]

不仅如此，伯施曼还通过这些资料与自己的见解对中国近代以营造学社为主导的

---

① 此图在《西洋镜：一个德国建筑师眼中的中国 1906—1909》的第 40—41 页。——编者注
② 傅朝卿：《中国古典式样新建筑——二十世纪中国新建筑官制化的历史》，中国台湾：南天书局，1993 年。

南京中山陵的华表。建于 1925—1929 年。吕彦直摄　　　　　　南京中山陵的华表
于 2002 年

中国建筑史研究产生了一定影响。1924—1927 年，在梁思成和林徽因还在费城宾夕法尼亚大学学习期间，伯施曼《中国建筑与风景》的英文版 ① 以及《中国建筑》先后出版。但梁思成对它们连带其他一些同时期西方学者的中国建筑研究著作并不满意。梁思成曾在 1947 年评论说："他们没有一个了解中国建筑的文法，对中国建筑的描述一知半解。"② 然而这并不意味着他拒绝参考这些西方人的研究，如他在 1935 年与学生刘致平合作编纂的《建筑设计参考图集》就包括了"台基""石栏杆""店面""柱础""琉璃瓦"等中国建筑细部的分类介绍，这些内容在伯施曼著作中也都有详细的对应材料。

　　梁思成的著作中还转用了伯施曼著作的一些调查材料，如其《图像中国建筑史》

① 恩斯特·伯施曼、路易斯·汉密尔顿：《风景如画的中国：建筑与景观——穿越 12 个省的旅程》，纽约：布伦塔诺书店出版社，1923 年。
② 费慰梅：《梁思成和林徽因——一对探索中国建筑的伴侣》，宾夕法尼亚大学出版社，1994 年，第 29 页。

中的图 77-e（北京西山无梁殿）即引自伯施曼著作中的图 74（参见 80 页），而且梁思成还注明这本书的图 75-c（北平西山碧云寺金刚宝座塔）也描摹自伯施曼著作中的图 705（参见 521 页）。不过需要指出的是，梁思成所描摹的金刚宝座塔删除了原图中的雕刻，这表明他研究中国建筑的视角与伯施曼有所不同。科格尔曾说："梁思成试图根据西方学院派的体系寻找中国民族建筑的一种新表述，而伯施曼则以一种整体性的方法去涵盖一个依然活生生的文化。"[①] 金刚宝座塔的两种不同表达进一步说明，对于伯施曼来说，建筑是一种意义的载体，他不能忽视其含义；而对于梁思成来说，传统建筑的造型和结构更重要，因为只有它们对现代建筑有借鉴意义[②]。

1932 年伯施曼通过中国驻柏林代办公使梁龙君致函中国营造学社，并附赠他的著作《中国宝塔》，表示希望成为中国营造学社的通讯研究员。伯施曼随后受到营造学社聘请，[③] 他的工作因此也更为营造学社的成员们所了解。1932 年 3 月《中国营造学社汇刊》第 3 卷第 1 期"本社记事"中曾提到伯施曼的赠书及营造学社的另一位通讯研究员德国学者艾锷风（Gustav Ecke）与中国社员翟兑之、叶公超合作对赠书进行节译的消息。同年 9 月《汇刊》第 3 卷第 2 期"本社记事"中还有朱启钤对伯施曼赠书的说明。[④] 而伯施曼著作中的其他一些实例，如《中国建筑》中的"苏州玄妙观"和"西康雅安高颐阙"等，也应当为中国营造学社按图索骥进行古建筑调查提供有价值的线索。[⑤] 此外，营造学社社员王璧文（璞子）在 1943 年出版了专著《中国建筑》，书中的"苏州玄妙观弥罗阁""北京妙应寺塔""四川灌县竹索桥"等插图

① 爱德华·科格尔：《中国古代建筑的早期德国研究（1900—1930）》，《中国历史与社会》，中华书局，2011 年，第 39 期，第 81—91 页。

② 朱剑飞主编：《文化观遭遇社会观——梁刘史学分歧与 20 世纪中期中国两种建筑观的冲突》，《中国建筑 60 年：历史理论研究（1949—2009）》，中国建筑工业出版社，2009 年，第 246—263 页。伯施曼对建筑象征性的关注及其人类学视角或许受到了德国古典美学，尤其是黑格尔美学，以及著名建筑家森佩尔（Gottfried Semper，1803—1879）研究的影响。

③ 林洙：《叩开鲁班的大门——中国营造学社史略》，中国建筑工业出版社，1995 年，第 129 页。有关材料见《中国营造学社汇刊》，1932 年，第 3 卷第 1 期，第 187、192 页。

④ 感谢科构先生提醒我注意这些材料。

⑤ 刘敦桢于 1935 年 8 月 9 日参观苏州玄妙观，又于 9 月 7 日与梁思成再度调查该建筑。参见《苏州古建筑调查记》，《刘敦桢文集（二）》，中国建筑工业出版社，1984 年，第 258 页。（按：原文所记调查时间为"民国二十五年"，但据文中所言"适首都中央博物馆征求建筑图案"，且该文发表于 1936 年 9 月的《中国营造学社汇刊》第 6 卷第 3 期，可知"二十五"当为"二十四"之误）。该文所用的弥罗阁照片即转引自伯施曼的《中国建筑》。刘敦桢对雅安高颐阙的考察在 1939 年 10 月 20 日。参见《川、康古建筑调查日记》，《刘敦桢文集（三）》，中国建筑工业出版社，1987 年，第 251 页。

前面立面　　　　FRONT ELEVATION

北平西山碧云寺的金刚宝座塔

北平西山碧云寺的金刚宝座塔

也是采自伯施曼的著作。

与外国同行的交流还使中国学者们获得了对比和超越的目标。如 1937 年 6 月营造学社社员鲍鼎发表论文《唐宋塔之初步分析》，探讨中国古塔的类型特点和时代特征。他在文章的前言中提及伯施曼的研究并称赞说："东西人士对于中国佛塔之调查研究颇不乏人……德人伯施曼教授所著之佛塔尤见精彩。"但他随即指出了他们在编辑方法和研究方法上的不足以及自己的方向："然均皇皇大著，未便初阅。且对于佛塔均只作个别的记述，未尝作断代的分析，于初学尤为不便。因不自惮谫陋，将我国佛塔精华所萃唐宋时代之式样作初步分析。"①

这种在与国外研究进行对话的过程中提出自己观点的做法尤见于梁思成和林徽因的写作。关于梁、林的中国建筑史写作，笔者已有若干专论，②在此需要着重说明的是，林徽因关于中国建筑反曲屋顶起源的解释其实就包含对于包括伯施曼在内的一些西方学者的批判。林徽因说：

> 屋顶本是建筑上最实际必需的部分，……屋顶最初即不止为屋之顶，因雨水和日光的切要实题，早就扩张出檐的部分。使檐突出并非难事，但是檐深则低，低则阻碍光线，且雨水顺势急流，檐下溅水问题因之发生。为解决这个问题，我们发明飞檐，用双层瓦椽，使檐沿稍翻上去，微成曲线。又因美观关系，使屋角之檐加甚其仰翻曲度。这种前边成曲线，四角翘起的飞檐，在结构上有极自然又合理的布置，几乎可以说它便是结构法所促成的。……总地说起来，历来被视为极特异神秘之屋顶曲线，并没有什么超出结构原则，且和不自然造作之处，同时在美观实用方面均是非常的成功。③

虽然林徽因并不见得可以直接阅读德文，但她一定知道伯施曼及其他西方同行的一些观点，因为这些观点曾由英国学者叶慈（Walter Perceval Yetts）总结，并在

---

① 鲍鼎：《唐宋塔之初步分析》，《中国营造学社汇刊》，1937 年，第 6 卷第 4 期，第 1—29 页。
② 《梁思成、林徽因中国建筑史写作表微》，《二十一世纪》，2001 年，第 64 期，第 90—99 页；《设计一座理想的中国风格的现代建筑——梁思成中国建筑史叙述与南京国立中央博物院辽宋风格设计再思》，《艺术史研究》，2003 年，第 5 卷，第 471—503 页；《构图与要素——学院派来源与梁思成"文法——词汇"表述及中国现代建筑》，《建筑师》，2009 年，第 142 期，第 55—64 页。
③ 林徽音（林徽因）：《论中国建筑的几个特征》，《中国营造学社汇刊》，1932 年，第 3 卷第 1 期，第 163—179 页。

1930 年介绍于《中国营造学社汇刊》。[1]据叶慈的研究，西方曾有人认为中国的反曲屋面是中国古代游牧先人居住的帐幕的遗痕，也有人认为它模仿了杉树的树枝，而那些吻兽就代表了栖息于树枝上的松鼠。伯施曼则说："中国人采用这些曲线的冲动来自他们表达生命律动的愿望。……通过曲面屋顶建筑得以尽可能地接近自然的形态，诸如岩石和树木的外廓。"[2]林徽因与梁思成一样，都相信中国建筑的结构不仅合理而且符合功能需要，屋顶造型也不例外，所以她认同英国建筑史家福格森在 19 世纪 50 年代提出的一个看法，[3]而不赞同上述所有西方学者的观点。她继续说：

> 外国人因为中国人屋顶之特殊形式，迥异于欧西各系，早多注意及之。论说纷纷，妙想天开；有说中国屋顶乃根据游牧时代帐幕者，有说象形蔽天之松枝者，有目中国飞椽为怪诞者，有谓中国建筑类似儿戏者，有的全由走兽龙头方面，无谓的探讨意义，几乎不值得在此费时反证。总之这种曲线屋顶已经从结构上分析了，又从雕饰设施原则上审察了，而其美观实用方面又显著明晰，不容否认。我们的结构实可以简单地承认它艺术上的大成功。

伯施曼与中国营造学社的关联同时表明，中国建筑史话语的形成并非中国近代几位建筑史先驱自说自话、孤立研究的结果；他们与其他学者，尤其是国外学者的交流与对话也非常重要。这种关联性对于研究中国建筑史学史尤其重要。

伯施曼对中国近代建筑之影响这一个案也再次提醒我们，近代以来，中国建筑的发展逐渐呈现为一个全球化的过程，而对中国近现代建筑的深入研究和认识也需要具有跨文化的视野。将书面文献与实地材料相互参证，将域外论著与本土研究进行对比，不仅有助于我们更深入地了解他人，而且也有助于我们更清楚地认识自己。

---

[1] 叶慈：《中国建筑文献》，《中国营造学社汇刊》，1930 年，第 1 卷第 1 期，第 1—8 页。

[2] 同上。

[3] 福格森说："在中国，大雨集中于一年中的一个季节，于是中国普遍采用的瓦屋面需要较大的坡度以排雨水，但是另一个季节明媚的日照又使墙和窗的遮阳成为必要。……如果为了后一种需要而延长屋面，高窗将变得十分昏暗，同时也遮挡了视线。为了弥补这一弊端，中国人将渗漏问题不太大的外墙之外的屋檐部分沿水平方向折出。同时，为了打破两个折面之间的僵硬角度，他们采用了凹形的曲线。这样，既有效地解决了屋顶排水和遮阳的两个功能，又创造了被中国人正确地视为美观的屋面造型。"参见詹姆斯·韦尔格逊：《建筑史图说手册》，约翰慕理出版社，1859 年，第 140 页。

目录

图片目录

上卷

下卷

附图说明

　　文中附有笔者亲自绘制与拍摄的图片，其中一小部分出自 1902—1904 年第一次来华期间，绝大部分则为 1906—1909 年在 14 省旅行考察的成果。在笔者的指导下，建筑师卡尔·M. 克拉茨（Karl M. Kraatz）于 1910—1912 年根据测绘和草稿对 70 幅文末附图和 39 幅文中插图的原件进行了完善和润色。这些中式建筑的图像所展现的古老风格最晚到 1909 年，此后的图片并未收入书中。自那以来应当仅有个别古迹发生变化或消失不见。

　　照片的另一来源为他人的作品和收藏，包括几位中国建筑的爱好者（马尔克、罗克格、阿梅隆和齐格勒）和一些机构（柏林艺术图书馆、柏林民族学博物馆和科隆东亚艺术博物馆，三者皆位于柏林）。剩余照片出自中德两国多位专业摄影师之手，其中一部分由摄影师根据指示拍摄。本书的完成离不开所有人的贡献。本书图片的具体来源如下，数字代表其编号。

　　中德摄影师：上卷：图 1—4、14—15、18、24—28、40—41、46—47、52—54、58、61—62、64—67、77、110、116—118、122、124、126、132—133、135、137、142—147、149、153、200—201、245、247—248、257、259、276、286、293；下卷：图 318、385—386、389—390、394、396—397、451—452、461、472、506、575、581—584、599—600、604、608、630、663、680—683、686—688、691—692、699。

　　私人和官方收藏：上卷：图 12—13、134、136、148、150—151、169—170、219、222—223、240、256；下卷：图 376、391—392、395、463、466、601—603、606、617—618、625—626、628、690、695、701、707、711—712。

笔 者：上卷：图 10—11、16—17、20—23、29—39、42—45、48—51、55—56、63、75、81—88、91—94、97—107、109、113—114、119—121、123、125、127—131、138—141、152、160—163、171—199、204、207—212、214—218、220—221、224—239、241—243、244、246、253—255、258、260—275、277—281、287—293、295—298、308—313；下卷：图 314—317、319—331、334—339、344—345、350—354、366—375、377、387—388、393、398—450、453—460、462、464—465、467、473—505、507—511、514—515、520—548、551—567、569—574、577—579、583、585—586、591—609、611—616、619—620、623—624、627、629、631—640、641—662、664—677、697、699—700、702—703、708、713—714。

同一页上的多幅图片按照从上到下、从左到右的次序进行编号。对于个别章节、组图和图片，将会根据需要从笔者已出版的有关中国建筑艺术的著作中，援引相关图片或插图作为参考，所附数字代表其编号。涉及著作缩写如下：

《普》=《普陀山》，柏林，1911 年；

《祠》=《中国祠堂》，柏林，1914 年；

《建景》=《中国建筑与风景》，柏林，1923 年。

前作中的图片和图示可为本书中的各建筑系列、建筑群和单体建筑提供有益的补充，同时避免重复。新作中虽有个别图片雷同，但皆出于需要，且尺寸不同，以便某些重要的系列得到完整的展现。尤其《中国建筑与风景》这本著作，书中收有 288 张整幅图片，大多以建筑物为对象，按照地理分布加以排列，可作为本书的全面补充。

中国传统建筑形式研究

原序

本书希望通过图文并茂的方式阐明中国建筑的概貌。在中国社会发生变革之前，即在清王朝的最后十年中，作者曾在中国，尤其是北京生活多年，并跨越晚清的 14 个省份，对中国建筑进行了为期三年的考察。古老中国的营建文化与建筑形式是本书阐释的核心。因为对于未来而言，它们保留着中华文化的根与魂，且在当下依然一如往昔地散发着勃勃生机。欧式建筑在中国还只是零星存在，中国大部分土地还保持着古老的图景。这些图景，就建筑风格而言，对从日本到土耳其、从西伯利亚经中国西藏地区再到东南亚的广大地区，都有着典范的力量。正是由于中国的内在能量足够强大，才使得建筑艺术的外在形态能够长久地保留。

中国建筑及其形式语言（Formensprache）与中华民族物质文化和精神文化紧密相连，只有从整体出发，才能对其加以领会，而仅凭一本著作，显然无法展现其中更深的奥秘。因此，在进行阐释之前，有必要对这一领域进行限定。

首先从地理分布上进行界定，"大一统"一直以来被理所当然地视作中国文化最重要的特征之一。但在统一性中，却有着外来因素的强烈影响。这些外来因素经过中国的本土化之后，又折回发源地，对其自身产生影响。然而，中华文化的重心始终位于由 18 个行省所组成的古老文化地带，今时今日尤为如此。对于中国建筑的阐述即限定在这一地域，尤其是笔者考察所到之处，它们大多历史悠久，人口密集，人员流动性大，与大城市或者著名的文化遗迹往来便利。有些古迹可能会格外偏僻，但是到了特定的日子，常常也是香客云集，因此也保留了一些极具价值的艺术作品，使得生活与自然紧密相连。坐在古老的交通工具上缓缓前行，每时每刻都会对当下的生活、周围的风景产生新的体会。

在中国尤其如此，每一处景观似乎都与建筑物密不可分，于是便出现了本书的第二个限定，即对这一生动艺术存在的突显与重视。无论是否意识到，这些建筑对置身于这片土地上的每个中国人来说，已成为其自身存在不可分割的一部分，如影随形。这些建筑物在规模上远远超出了我们的想象，从而构建出一幅庞大的建筑图景。鲜活的当下精神与遥远的传统文明遥相呼应，并通过这幅图景对我们产生着影响。

如果我们将研究范围在空间上限定为古老中国，在时间上限定为当下，那么纯粹的艺术史视角或者综括的历史视角显然必须悬置起来。在我们这个日益历史化的时代中，务实笃行地去理解事件或物件，最合时宜。当今，在必须探究历史的科学研究中，人们低估了历史的当下性。直到今天，人们依然在某种程度上认为：洞悉一个民族的秘密可以通过研究这个民族的历史，甚至是史前史来实现。与之相对，我们却坚信应从当代入手研究陌生的异质文化。任何一个国家的历史都具有巨大的现实意义，中国亦是如此。然而，历史在中国首先是作为传统文化发挥着影响，传统文化才能够在当代得以承继，并散发着勃勃的生机，因此，我们必须将中国视为一个有机的生命体。这点同样适用于中国的建筑艺术。撰写一部中国建筑艺术史只是目标之一，且不是最重要的。毕竟在中国建筑艺术研究中，想要得出建筑可靠的历史年代，在大多数情况下依然困难重重。

历史性的考察抛不开对精神脉络的解释与梳理。尤其是中国的宗教观念和自然哲学观与亚洲其他地域的精神文化息息相关，而在建筑风格构建中，其意义也不同于一般的形式。这些观念几乎完全融入了建筑艺术的形式语言中。人们将众神灵人格化，创造出别具象征意味的装饰和造像，以此来表达民众的思想观念和形式概念。这一创造力在中国以及亚洲其他地方都得到了充分的发展。与之相关的还有这些装饰和造像与自然景观的关系，以及民众对家庭、国家和祭祀活动的安排。不过这些研究均可归入"大建筑艺术"（Großen Baukunst）和宗教文化的探讨范围。建筑艺术与宗教文化的关系并不是本书的讨论重点，笔者会另辟专著进行探讨。

本书也不会专门讨论建筑构造的问题。由建筑工艺、材料和气候，以及建筑形式的某种借用而引发的相关问题，需要就中国建筑实践进行深入详尽的探析，同时还需要考辨和参照相关文献。因此，从建造层面探讨建筑的系统营建还需要很多基础的准备工作。当然，初步的准备工作，除了本书中的一系列建筑绘图，还需要一些研究文献。这些文献已经从不同角度探讨了某些问题。

在此我们看似并没有追寻那些始终被我们视为最根本的目标，却呈现出一个更为独立且宏大的关注视角。它与建筑最内在的本质息息相关，即艺术形式的语言本身，以及其在艺术传达上的价值。建筑艺术的装饰形式貌似没有特定目的，却能折射出精神深处的东西。它们自身便是目的，宛如中心一般汇聚了所有的生命力。它们只有跳出建筑的矛盾冲突和失重状态，跳出维持日常生活的那些需求和沉重负担，才能得到完全的释放和澄明。宏大建筑物的营建和构造始终要面对这种需求，而且这些问题尚未得到解决。这些建筑形式看似纯粹的装饰，然而它们同时也是建筑物最终的呈现形式。有如在一个传奇故事中，所有的不真实总是启示了历史最内在的本质，表现出最高的某种真实性；亦如寓言或譬喻故事，以最恰切的方式点明复杂事件的意义所在。

类推到中国建筑，便可以为我们理解中国建筑的艺术形式提供一个样板。在建筑的所有工序中，直至最后一部分的完成，都远不只是被实践出来的一个象征符号。更为重要的是，在人们的感觉中，这些纯粹的装饰语言是鲜活的。人们若是没有对各种风格式样的丰富感知，便不会对建筑自身的可靠、均衡与美观产生深刻的认知。这是我们对中国建筑艺术钦佩的原因。为了对建筑艺术的形式语言有所认知，笔者会在这篇原序之后分 20 个章节，按照预先设定的顺序对其中最重要的建筑类型和建筑部件进行探讨。顺序设定的依据既非年代，亦无关文化价值，而是其形式概念。同样，出于转向对建筑形式概念讨论的考虑，需要对图注说明略做限制。本书图片中的建筑物并非独立的存在，将它们分类也是为了说明它们之间的关系。因此，单独的建筑物、建筑群以及单个建筑物的不同构件常常会在不同的章节中论及。

如果纯粹将建筑形式作为前提，则可能会产生谬误，即认为建筑的艺术形式和装饰形式完全是自成一体，毫无前提的。诚然，建筑形式的形成是非常偶然、随意的，并且完全可能成为另外一种模样。任何一种绝对的美学都超越了民族和时代，但如果我们认为借此便能获得正确的认知和理解，或许也是一种错误。因为建筑的艺术形式和装饰形式可以最生动地反映一个民族的精神本质。它们恰恰是在无目的性中，从精神和灵魂最深处流淌出来的。因此，若要理解所有相关知识，便需要把它们同文化有机结合起来，在中国尤其如此。如果我们想从这些形式中获得兴味，就不能不去研究和考虑那些基本被排除在主题之外的领域。

中国建筑也会涉及历史和哲学层面的问题，讨论一些对国外建筑形式的借用及反作用。然而有一点始终不变，那就是聚焦于艺术层面的阐释。在中国文化特征的各种关联中，这一点是如此地强烈且不言而喻。即便是那些与中国建筑研究有些距离的国外艺术家和知识分子也无法抛开这些来自形式世界的深刻印象。与此同时，他们还可以从中直接获得艺术创作的启发和灵感。这些形式几乎毫无重复，却造就了完美的典范，使这一当代高度发达的建筑艺术得以展现其生机勃勃的精神面貌。

限于篇幅，中国营建的许多领域并未全部收罗进本书。不过，它们部分属于"大建筑艺术"的范畴，同样也属于建筑规划和系统营建的范畴，又如桥梁之类，则需另辟卷册来讨论。本书所做的主要是在紧凑的篇幅中，尽可能地揭示中国建筑的方方面面。这些建筑拥有共同的根源，遵循统一的观念，构成了统一的有机整体。在众多国家中，中式建筑的这种统一性或许是独一无二的。而恰恰正是这样，使我们在一个相对独立的框架中，在建筑形式上，将给出一个包罗万象的阐释成为了可能。形式被视为纯粹艺术性的同时，亦会在美学上受到评估。该评估建立在建筑实物和知识学构成的牢靠基础之上。知识学源自与当地居民长年累月的共同生活，以及迄今为止有关中国和周边地区的研究。我们为什么研究知识学？因为正是知识学给我们提出了问题，并作出相应回答：如何在内容与形式、精神与物质、灵魂与作品之间找寻统一性？唯有艺术作品能够给出明证。

第一章　城墙

作为建筑领域的重要主题，围墙在中国的运用远超其他国家。围墙处于封闭区域或者建筑群的外部，而城墙正是这一主题的终极形式。哪怕再小的建筑群也会通过围墙形成闭合，更不用说稍微宽广或者宏大开阔的建筑群。无论在乡间还是城内，很难找到一座没有围墙遮蔽的宅院。其原因归根结底无疑是作为封闭独立的整体，无论宅院中的家庭、官府中的机构，还是寺观中的宗教组织，都必须对外界的目光和影响加以防御。不管家庭、宗族、村落、同乡会，还是某一省份，甚至整个国家，强烈的集体感给予了中国人莫大的鼓舞，因而有必要以隔离于外界的封闭空间来展现这份团结与统一，而围墙正是实现这一目标的手段。这样，集体生活不仅有了界限，甚至得以加强和提升。诚然，这种自我限定的观念被视为一种高尚的品德和人格完善的根源，从而在实际防御作用之外，赋予了墙崇高的道德感甚至宗教内涵。这种内在性最终导致这一建筑主题在不同的场合呈现出或是亲切可人的柔美感，或是具有宗教意味的亲密感，或是不受拘束的动态感，又或是庄重雄伟的恢宏感。最后这种崇高的形式主要体现在那些大城市的城墙与城门上，尤其是作为帝都的城市。仅就空间范围而言，规模最宏大的则要属长城。

这座始建于公元前几百年的墙体经过历代时断时续却坚持不懈的修筑后，如今绝大部分依然保存良好，恰似一座庞大的纪念碑。虽然最初长城是基于实际需要，意在加强政治与经济方面的安全而建造的，但若非出自精神领域的需要，以及考虑到中华伟大的传统文化，并借此树立、加强中华文化这一整体光明前景的理想信念，相信长城远非今日这般宏伟壮丽的模样。唯有从这一角度出发，方能对这座沿着边远荒野的山脉、延绵上千公里的建筑物加以理解与欣赏。如今，中国大城市原本封闭的城门正在徐徐打开，墙体被拆除，这些举措都象征着新时代的到来——久囿于内的中国人民正在以独立的个体姿态和自由开放的态度走入各民族充满挑战与竞争的自由状态中。在对中国古老却始终鲜活的建筑展开考察前，有必要先对这些思想稍作了解，以便从一开始就能认识到中国建筑艺术无与伦比的美感、多姿多彩的形态与其特质的形成是密不可分的。作为中国文化统一的象征，墙的丰富应用正是这一特质的绝佳体现。

在形形色色筑有围墙的建筑中，既有气派体面的田间坟墓、路边庙观，也有宽敞封闭的院落式建筑，比如宅院、寺庙和宫殿，更有恢宏庞大的皇陵和避暑行宫。不过本章所要探讨的对象并非以上种种，而是城市的围墙。就帝国^①大约 1800 座城池而言，除去完全消失的个别特例，如今几乎全都被保存完整的城墙包围着。笔者仅在长江边的湖北巴东县见过一个例外。就连许多村落外部都筑有围墙，尤其那些宗族聚居、常遭匪患的村子。这种习俗历史悠久，至少面积稍大的城池是这样的。这在文献中已有证明，各诸侯的驻地及其住所即为先例。根据书中的记述可知，当时一些极小的领域都已筑有壁垒，建造长城的想法很有可能由此而来。各诸侯与封臣领地的城墙与城门在规格和形制方面有着明确的规定。比如城门数，从一到九不等，前者适用于小邑，后者则为帝都所独有，如今^②的北京城便是如此。元朝时期，北京城一度有十一座城门。之后，明朝皇帝仔细研究了古老的建筑礼制，做出更为严格的规定，将城门数改回到九。中等大小的县城，比如山东曲阜开有五座城门。城墙的长度和城门的式样也都有严格规定。各封地只准建造防御性稍弱的城门，以防其叛乱自立。有了上述规定，仅从外观便能断定该城市的等级。这种等级差异连同一部分规定保留到了今天，从而成为城墙获取活力、产生变化的主要手段，避免城墙的规格和形制形成定式、陷入僵化。虽然在那些较小型的城池中，出现了千姿百态的解决方案，但对于雄伟轮廓和恢宏气势的追求仍然无处不在。

几乎所有的中国建筑群都会涉及一个十分突出的主题——南北中轴线，尤其对于城池而言，更是有着非凡的意义。只要情况允许，毫无阻碍的平原上的城池总是朝正南方向设置。无论城门、瓮城、角楼、沟壕和桥梁，还是称呼与象征意义，甚至军队的布置，所有这些都有固定且根据方位确立的排布，从而形成一种韵律感。由于绝大多数城池的外观都呈矩形，京城尤其如此，所以并不能高估这种韵律的强度。不过直到今天，每座城市仍然扮演着某种与精神及宗教方面相关的角色，尤其是都城。这既是对可观可感宇宙的再现，更被当作与自然秩序等同的道德秩序的象征。如此一来，通过朝向正午的太阳设置的统一且固定的南北中轴线便可产生一种关于"我们"存在于韵律之中的想象。由此便能理解，为何中国人将他们的住宅和城市视为这种韵律的最佳象征，并且热衷于以一切可能的象征手法从格局和艺术构造的视角对其加以排布。

---

① 恩斯特·伯施曼在 1906—1909 年对中国进行考察，"帝国"便是指那一时期或之前的中国。（下文同）——译者注（除部分另行标注，以下均为译者注）
② "如今""今天"指 1909 年，恩斯特·伯施曼在中国的最后考察阶段。（下文同）

中国城池的外貌由于地形因素的影响而大相径庭。不过这些城池四周规整的围墙均一致呈现出界线分明的封闭形象，从而成为了这一地区都城驻地的象征。在郊外，开拓的外郭城虽然常见，对于整个城池而言却无足轻重。不仅北方平原，其他地方的城池同样呈现出一幅开阔而又低矮的面貌，仿佛要与大地融为一体，有时由于树木的遮挡，人们直到跟前才能一睹真容。中国城池贴近地面的特点同样适用于城内建筑，并且常常引人注目。从城墙向内眺望，远远望见低矮的房屋、有规律的屋顶与花园、开阔的平地宛如汪洋一般铺展开来，偶尔有高楼矗立其间，唯独城墙上方的一群高耸建筑最是引人注目。北京城显然算是仅有的例外，皇城内高耸而恢弘的宫殿群使整座城池看起来充满了活力。位于多山地带城池的城墙或沿山而设，或将山地纳入城内，无论起伏的地面和丘陵，还是高山与低谷，目光所及之处均是风景如画。尽管有着严格的构造比例，墙身和城门的雄伟轮廓却经过中国人的一系列设计而显得格外生动与活泼。具体做法有：垛墙的砌筑、楼层和箭窗的多层叠加、弧形中式屋顶的运用、砖石建筑与木构城楼的结合、墙上建筑的设置，以及护城河桥与下方城门的出色联结。在一些小地方，还会见到某些令人亲切的细节，使我们想起熟悉的中世纪城门，二者甚至如出一辙。在某些不固定的地带、河流边还会出现阶梯的身影。此外，还需考量古迹、城门建筑、塔和寺庙之间的关系。这些建筑有时位于较远的地方，主要通过内在从属关系和建筑方面的设计，与城墙及城门形成有机的整体。如若城内包含丘陵与山峦，彼此之间的关系同样不容忽视，这种情形下往往会构成优美至极的画面。不过，壮观的印象和雄伟的形制才是这一主题一如既往的追求，京城那些宏伟的城门对此给出了完美的诠释。即使在一些体型较小、更为精巧的城门建筑上，也能看出对于雄伟轮廓的追求。中国人在城门一带的各种杰作也因而生出几分令人心仪的肃穆之感。

　　有关城墙、城门及墙上建筑技术、工艺方面的问题，笔者在此只能挑一些重点加以讨论。固定居所的围墙最初起源于泥土堆筑的简易壁垒，如今在村落中仍能见到。就连13、14世纪时元大都的城垣也由坚固的土墙构成，直到15世纪（明朝），才逐渐在外层包砌砖墙，并且从此引为筑城惯例。墙体内部有时会交替填入泥土和石灰隔层夯实。哪怕今时今日，城墙规模仍是大小不一。规模小巧的，墙身刚够开辟一处门洞。北京有的城墙高达12米，墙基宽24米，顶部宽近20米。陕西西安府为旧朝古都，其城墙与城门由明朝开国皇帝于14世纪末下令建造，形制沿用至今。其中北门一带城墙高达 13 米，墙基宽 30 米，顶部宽 25 米。若以我国 ① 古时的建造标准，现在足可容纳十辆以上的战车并排通过。在一些重要的城池中，城墙上方每隔一定距离便设有凸出于墙外的敌台，以便加强防御。尤其是转角处，其下方墙基常向外凸出，呈矩形。不仅如此，墙上还建有砖石砌筑、高达数层的敌楼，设有成排的箭窗用于射击，同时配以女墙 ② 和垛墙。此外，尤以西安府为例，城门之间还建有大量小巧的铺房用来瞭望。这些楼阁式建筑向来采用中式弧形屋顶，且多为重檐构造。尽管面对进攻时不堪一击，但中国人对此却难以割舍，因为这正是他们雄伟建筑艺术的顶峰。

城墙各处中，自然以城门防御最严，工事最多。简单形制只需在拱形门洞上方建造一座坚固程度不一的敌楼，楼身与墙体外侧基本齐平。复杂做法则会在城门前加筑一座宽广空阔的或方形或半圆形的瓮城。北京各城门几乎均采用此法。瓮城垣壁与城门相对处辟有门洞，上方建有砖石砌筑的、高达数层的敌楼，设有成排的箭窗用于射击，一如之前简单提到的角楼。这种建在外侧或前方的楼式建筑被称为箭楼。在大型城池中，瓮城正面的城门始终紧闭，通常只在皇帝出行时开启。平日由两侧门洞出入，甚至常常仅有一侧供人通行。由于城门锁闭得仔细而牢固，因此不同出口及封闭空间的设置可以有力地抵御外来进攻。一些小型城池往往也会配置半圆形瓮城以形成封闭的空间，比如之前提及的曲阜。笔者见过的最为复杂的做法则是在此基础上构筑双层封闭空间，同时设立两道敌楼，此前多次提及的西安府即是如此。其城池在坚固的方形瓮城外又建造一座同样形状的月城将其环绕在内，并在正对城门、紧邻护城河吊桥的城垣上建造了一座稍小的敌楼。月城四角和瓮城两侧中心另建有敌台以加强防御。此外，西安府的外郭城同样筑有围墙，通过它两侧的入口和其余郭门形成防护。雄伟至极的城门与防御工事展现了西安这座古老帝都的伟大过往，就景象而言，甚至将北京城甩在身后。

城门一带建筑中当以城楼最为气派。城楼高踞于正门门洞之上，不仅为雄壮的景象增添了艺术气息，同时赋予其宗教意味。这些极尽华丽、拥有三层重檐的双层建筑主要由木头构成，面对战争中常用的火攻手段，显然不具备实际防御功效。由此便可看出，这些建筑形式纯粹起象征作用，以艺术的形式展现了神力对君权和京师，乃至

---

① 德国。（下文同）
② 女墙指在城墙顶内侧修建的一道与垛口并行的矮墙，起着栏杆的作用。

整个帝国的庇佑。不过据笔者所知，正门城楼内并未设置祭坛。根据文献记载，这类墙上建筑过去被当作鼓楼，用于战前或战斗中号令士兵射击。在这之后，包括现在，几乎所有城市内部都建有专门的钟鼓楼。作为独立的楼阁式建筑，钟鼓楼在城中占有一席之地。如此一来，巨大的城楼更是徒具象征意味。具体的宗教元素主要体现在瓮城内单独设立的小庙上，这里供奉着战神关帝、大慈大悲的观世音菩萨和城池的守护神——真武大帝。如若城池北面靠山，则会在高于城墙的合适位置专门建造一座楼阁祀奉城中的守护神，广州便是如此。另外，有些城池的城墙上方还设有魁星阁等建筑，用以供奉魁星（文运之神）或著名的诗人作家，尤以山东境内的一系列城池最具代表性。不过，城楼本身并不涉及任何宗教元素。越是纯粹、自由的宗教理念越是强大，这里可以将天坛中的露天祭坛作为参照。作为古老中国文化中最为神圣的存在，祭坛同样不具有任何象征神性的标志，其蕴含的理念虽难以阐述，却在不动声色间尽显崇高与威势。雄伟的前门城楼位于北京皇城的中轴线上，可谓国家最重要的象征，因此当它在 1900 年（义和团运动期间）被焚毁后，尽快复原便是理所当然了。事实上，经过1903—1906 年的修葺，这座城楼又恢复往日的风采，甚至越发华丽，更胜从前。

与其一并重建的还有同时被毁的瓮城箭楼，相关费用达 18 万两，另有 27 万两用于城楼修复。按照当时的汇率，两者相加约等于 135 万马克。同时得到重建的还有齐化门[①]。这座位于内城东垣的城门同样毁于 1900 年，修复共花去 14 万两，即42 万马克。这些花费对于城楼的实际防御毫无助益，而且又是在战败后，因此这一举措纯粹出于象征意义。由此便可看出，中国人尽管经历了种种的磨难，依旧展现出勃勃的生机，因此誓要再现这些帝国的守护者，以示自卫的决心。尽管时局艰难，尽管有种种反对意见，这一态度却一如既往地鲜活有力。

宏伟壮阔的前门城楼雄踞于 14 米高的城墙上。包括檐柱在内，底层通面宽[②]41 米，通进深[③]21 米，楼身宽 35 米，进深 15 米，金柱直抵檐部。城楼高 29 米，加上城墙高度后可达 43 米。楼身面阔[④]七间，正中明间开阔，两端梢间[⑤]相对狭小。进深三

---

① 齐化门即朝阳门，古时用于运粮。
② 通面宽又称通面阔，即指单体建筑的纵向长度。
③ 进深是指建筑物纵深各间的长度，各间进深的总和为通进深。
④ 在单体建筑中每四根柱围合成一间，一间的宽度为面阔。
⑤ 梢间为建筑物两端头的开间。

间，同样中间宽而两边窄。上下两层均设回廊，面阔九间，进深五间。由于腰檐的缘故，上层回廊较底层有所收缩。除门窗外，由外金柱构成的楼身构架以墙体围合，给人一种砖石建筑的印象。纵横的线条、屋面墙面与生动的外部轮廓将线条尽量划分为微小的构件，同时对重点加以突出。楼身在这一系列的对立中实现了完美的均衡。由此产生的和谐韵律与经过权衡得出的比例共同成就了城楼这一杰作，使其以相对较新的表现手法诠释了一种高度发达的中式殿堂类型。作为城墙的收束，城楼同样可以出现在对中式殿堂一章的末尾，笔者将另辟一章继续探讨后者。

除去雄伟壮观的形制与极富美感的构造，色彩的运用同样不容忽视。作为内城东垣的南门，齐化门城楼曾于 1903—1906 年与前门一道重建，这在上文已有叙述。从重修时所用的彩色图样即可清楚地看出中国人对华丽色彩的追求，以及通过不同的用色诠释各建筑构件的对比与美感，并形成区分。早在远古时期，中国人便喜欢在建筑物上涂抹色彩。经过大量而持久的练习后，这份热情不仅得以延续，且更甚以往。在日照和雨水的强力作用下，加上北方地区沙尘暴和霜冻的影响，色彩会逐渐消褪，甚至受到损坏，因此建筑物需要不断地重新上色。尽管如此，北方建筑的用色却最为强烈，无论是私人建筑，还是官方或者宗教建筑，皆不例外。就建筑艺术而言，中国是这世界上对色彩最情有独钟的国家，直到今天依旧如此。

有关彩绘技术和用色的具体细节，将在其他地方详细探讨。可以确定的是，像城楼这样的大型建筑在色彩与形式方面采用了相同的原则，即将重要而又一体的线条与平面结合在一起，比如红色的立柱与门扇。为了与屋脊线相协调，往往会在青色宽阔的屋面周边铺设绿色的琉璃瓦以形成剪边，另外，弱化檐线和设立宽阔的额枋与围栏也是同样目的。额枋上经常绘有错杂而多彩的图案，整体效果有如顶峰时期的哥特式玻璃窗。同样可与其对照的还有鲜明底色的运用，包括蓝、金、红、白、黑和绿在内的用色，大胆直接却毫不突兀。无论是在多姿多彩、阴影丰富的斗拱上，还是在额枋与柱头间严谨而轻快的图案中，又或者在镂空栏杆的华板上，都能见到它们活泼的身影。琉璃瓦的光泽不仅受益于宽广而统一的平面与线条所产生的强烈效果，同时因少见的脊上装饰、滴水和龙头所形成的闪烁光点而得到一种动态的效果，与楼身明亮的用色一道成为彩色建筑的杰作。

在中国人看来，色彩是对建筑式样必不可少的补充，若要了解其内在象征意义，可以以 1903 年重建的前门为例进行探寻。中国人在建造房屋时，先从屋顶入手，而非从地基开始，显然上文论及的中国人建造房屋顺序的这一说法并不准确。通常情况下，他们的确会先搭好一个临时屋顶，然后，只有当整个房屋构架立好后，才会开始搭建真正的屋顶。就像我们建造塔楼时会举行奠基典礼一样，中国人也有上中梁的仪式。中梁长度与屋宽大致相等。当巨大的房屋构架搭好后，作为最先完工的建筑构件，中梁将被高高安放到最终位置，并加以固定。尽管日后将被幽暗笼罩，难以辨认，人们还是会以最华丽的色彩和符号对其进行绘制。因为这块叫作"脊"的正梁被视为一座建筑的主要内部构件，整个工程都将以此为目标。它既是最终结点，也是最高顶点。后来，人们根据这一名称，将相当于我国准则和范例的最高法则命名为"太极"，意为崇高的极点。无论处于建筑中心的核心构件，还是位于南北中轴线与城墙交会点的城楼，人们都会在启用前，以丰富的色彩对其进行装饰。只有经过彩绘之后，整座建筑物才能实现自己的终极使命，成为一座城市、一个朝代，乃至整个帝国的头等丰碑。富丽的色彩正是这一伟大意义的象征。

图 1. 北京的长城。初建于公元前 5 世纪，现存建筑主要建于 15、16 世纪

图 2. 山东胶州的外城墙

图 3. 山东济南府的外城墙

图 4. 四川成都府城墙顶部的女墙与敌楼

图 5. 四川成都府城墙顶部的垛墙

图 6. 山东潍县^①河边的外城及城墙转角处的庙宇

---

① 即今潍坊市。

图 7. 山东潍县城墙角台上的庙宇

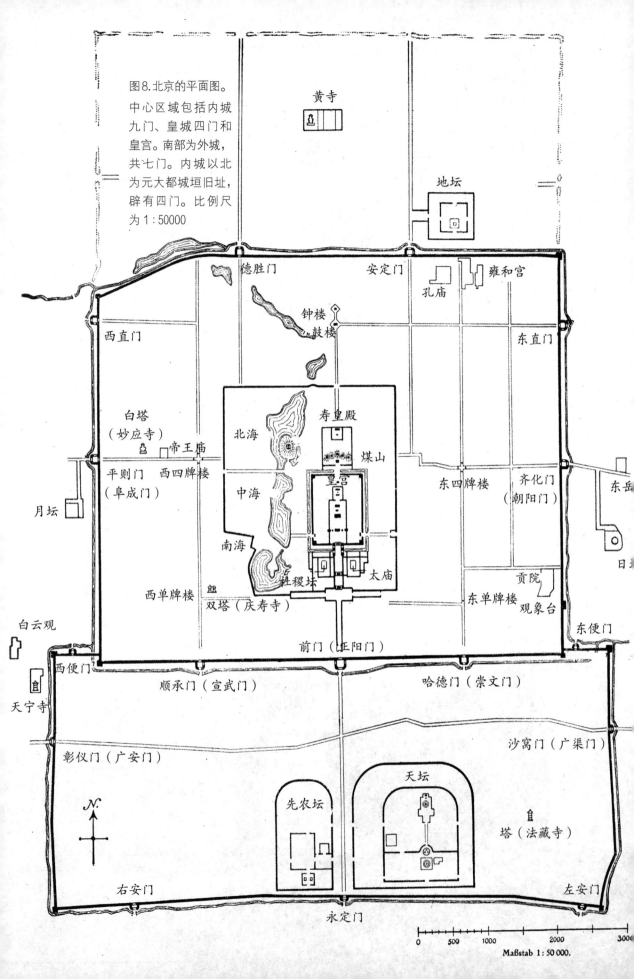

图8.北京的平面图。
中心区域包括内城
九门、皇城四门和
皇宫。南部为外城，
共七门。内城以北
为元大都城垣旧址，
辟有四门。比例尺
为1:50000

黄寺

地坛

德胜门　　　　安定门　　　　　　雍和宫
　　　　　　　　　　　　孔庙

西直门　　　钟楼　　　　　　　　　　　　东直门
　　　　　　鼓楼

寿皇殿

白塔　　　　　　　北海　　煤山
（妙应寺）
　　　　帝王庙　　　　　　　皇宫
平则门　西四牌楼　　中海　　　　　　东四牌楼　　齐化门　　　东岳
（阜成门）　　　　　　　　　　　　　　　　　　　　（朝阳门）
月坛　　　　　　　南海　　　　　　　　　　　　　　　　　　　日

　　　　　　　　　　　社稷坛　　太庙　　　　　　　　　贡院
西单牌楼　　　　　　　　　　　　　　东单牌楼　观象台
白云观　　双塔（庆寿寺）　　　　　　　　　东单牌楼　观象台
　　　　　　　　　　　　　　　　　　　　　　　　　　东便门
西便门　　　　　　　前门（正阳门）

顺承门（宣武门）　　　　　　哈德门（崇文门）

天宁寺

彰仪门（广安门）　　　　　　　　　　　　沙窝门（广渠门）

　　　　　　　　　　　　天坛
　　　　　　先农坛　　　　　　　　　塔（法藏寺）

N

右安门　　　　　　　　　　　　　　　　左安门

永定门

0　　500　　1000　　　2000　　3000

Maßstab 1 : 50 000.

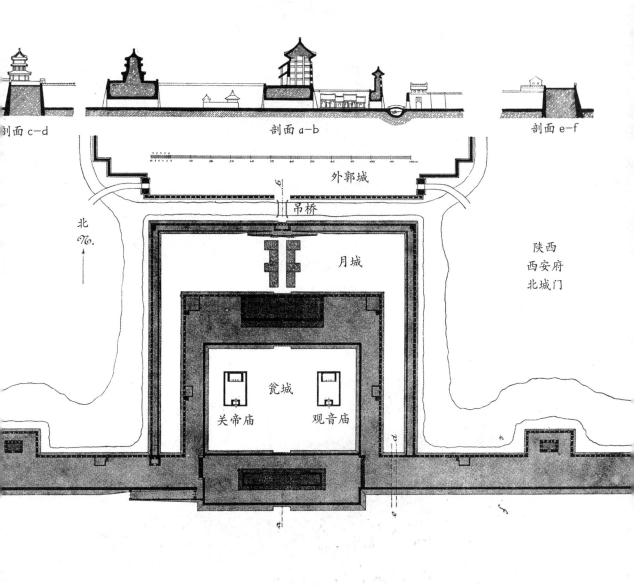

剖面 c–d 剖面 a–b 剖面 e–f

外郭城

吊桥

北 N.

月城

陕西
西安府
北城门

瓮城

关帝庙 观音庙

图 9. 陕西西安府城墙的剖面图。比例尺为 1:1400

图 10. 陕西西安府北城门及相关建筑的外侧视图

图 11. 陕西西安府北面瓮城箭楼的内侧视图

图 12. 山东博山县的城门。城门以石料砌筑，覆琉璃瓦装饰

图 13. 山东博山县城门入口处的外视图

图 14. 山东济南府城门旁边的石桥与敌楼

图 15. 山东济南府瓮城的箭楼

图16. 北京崇文门城楼内侧的雪景。崇文门又名哈德门，为内城南垣的东门，城楼重修于 1920—1921 年

图17. 北京内城城墙上方的楼阁。从城墙顶部看东南角楼，可以看见前部的旗杆石

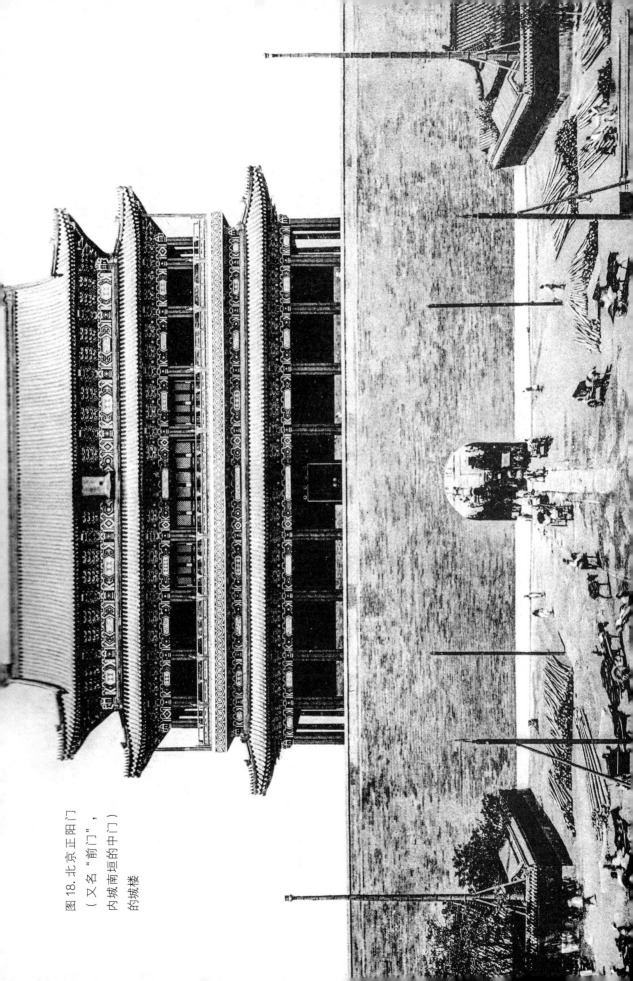

图 18. 北京正阳门
（又名"前门"，
内城南垣的中门）
的城楼

图19.齐化门（内城东垣的南门）城楼的正视图。根据中国建筑师的彩色底稿而作，绘于1903年，
大小仅为原图的六分之一

第二章 | 大门

本章在探讨大门、院门、宅门和门殿的过程中，所选用的例子纯粹出于偶然，甚至相当随意，因此不过是浮光掠影而已。尽管其他各章在处理不同类型的中式建筑及其构件时，同样会面对这一问题，但都难与本章相比。因为门的式样实在是无穷无尽，且难以进行系统的归类。中式建筑群的入口对于住宅和寺庙而言，不仅在外观构成上至关重要，从内在精神角度来看，同样意义非凡。因此，中式建筑群备受中国人青睐，同时也展现了他们丰富的创造力。此外，建筑、居民，甚至环境的多样化，同样导致了不同种类、不同式样的门的出现。这种外形与感观上的等级差异在城门建筑中已有所表露。因此，接下来的内容将大致遵循从雄伟到典雅的顺序加以展开，其他章节中大量关于门的图片可作为补充。

形形色色的门建筑背后显然蕴含着中国人重要的价值观，其内容与在建筑群外构筑围墙的理念密不可分。围墙将墙内区域划分为独立的个体而隔离于外界，如此一来，通往内部的入口便相当于进入封闭世界的门户而得以突显。因此，在诸如皇宫、皇陵、规模上乘的寺庙或皇家园林等宏大的建筑群中，往往接连设置多重大门，并且有规划地形成等级差异，从而在抵达内部气派非凡或神圣至极的景象前，实现层层递进的效果。若是为古老的中国文化、佛教，甚至儒家文化而建的大型祠庙，则会在类似的格局上另外再添三座大门，分别设立于中央方形场地的四个方位上，作为对现实和精神世界的再现。尤其是北方那些占地广阔的建筑群，比如明清皇陵、北京天坛和先农坛，以及热河行宫①和"外八庙"。后者不同于北京城内及周边的宫殿群，其大门由砖石砌筑，外形敦实，辟有三处通道，有拱形和方形两种式样。门上饰以简单的屋顶或设有相应建筑，两侧宽广的围墙仿佛自门内生出，彼此协调，融为一体。这一设计依旧来自古老的中国思想，形制与之近似的城墙与城门同样对此有生动的再现。作为地面延伸的门前广场，也诠释了这一点。这片空地，不仅在视觉上往往与入口紧密相连，同时借助旗杆、旗帜、石狮、石桥、照壁等元素与大门有机地结合在一起。

门上建筑向来深受中国人的青睐，这一元素不仅为整个门建筑增添了庄严的气息，更成为周围环境的显著标志，远远便能看到。北京西山官窑外有一座过街楼，底部以拱洞为通道，上方依照惯例设有供奉神灵的建筑，屋顶饰有流光溢彩、光彩照人的琉璃件。而坐落于山道上的这类门建筑的形制通常更为严谨。山东泰山上共有四座天门

---

① 热河行宫即承德避暑山庄。

通往绝顶，其中南天门位于一段陡峭而壮丽的阶梯的尽头。门两侧与短墙相连，底部建筑辟有拱形门洞，式样大气，上层建筑体型矮小，却在屋顶的修饰下不无灵动之感。由三者共同构成的南天门借助这副外观，尤其是恰到好处的高度，得以与荒芜的山景融为一体。后者更是在其衬托下展现出预想中的雄伟气势。山西代州雁门关虽然情形截然不同，却有异曲同工之妙。巨大的砖石城台上立着同样质朴的二层楼阁，与四周壮阔起伏的山势达成一种可观的平衡，并在门边寺庙建筑的映衬下更显威武。

对于设在山丘上或城墙边的地势较高的建筑，其构造丰富的入口前往往砌有泰山上用到的阶梯。在相对而立的楼阁和木石牌楼的烘托下，台阶和栏杆所形成的雄伟线条同延绵起伏的围墙相结合共同勾勒出一幅优美的风景画。北京黑龙潭的龙王庙和山东济南府城墙边的一处寺庙可谓其中的佼佼者。

在皇宫和皇陵中，有一类呈矩形的门建筑。这一类型的门建筑的两侧墙体被宽厚的墙墩所取代，屋顶式样严谨（参见 37—38 页，图 28—图 29），展现出一种近乎古典的纯净与高雅。这类大门通常完全由砖石砌筑，底部是大理石基座，墙体饰有彩色琉璃构件，屋顶同样覆以琉璃瓦，图案细节不免令人推测其受到国外，尤其是伊斯兰教的影响。琉璃材料的使用同样显示出西方元素的影响，这在其他式样的类似建筑物身上已有结论。不过其规整的轮廓则为纯粹的中式风格，并且沿用到皇家建筑，尤其是陵寝建筑中的门扇上。无论式样最简单的门扇，还是通往陵寝正殿富丽的大门，都在这些元素——宽阔的门板和精美的线条、成排的门钉和面叶 [1] 装饰、纯净鲜亮的用色的衬托下大放异彩，成为中式建筑的杰作之一。

城市街道两旁的门洞构成了最简单的门楼入口。街道立面大多由砖块砌筑而成，或是不加修饰，或是涂以灰浆，墙内辟出门洞镶入外框。街面通常与门楼背面并无二致，后者正面位于宅内，朝院落开启。门楼象征着一户人家的地位与财富。较为气派的宅邸的入口不仅仅是被进行了精心的修饰，还被塑造成了令人亲切的艺术作品，中原和南方一带尤为如此。门户在日常生活中扮演了重要的角色。这种宅邸由大量的单独房屋和一连串的院落构成，一个家族的各房成员往往同居其间，因此，不同院落之间的门变得格外重要。位于宅邸前方的院门的外观精致显著，后方通往各房的院门则相对随意，式样上的差异使得各门的等级一目了然。最外侧面向街道的大门由墙内凿出的

---

① 面叶为装在门窗边框处的铜制饰件。

门洞构成，高级做法还可在门框外设置凸出的壁柱与门洞结合形成较大的空间。尤其在四川、湖南和广东境内，这类大门不仅有着丰富而又华丽的式样，还有漂亮的图饰和彩绘。

如果说上述门楼通过独特的形态从外表上脱颖而出的话，那么还有一些门建筑则凭借单独的建筑元素而非雄伟的式样引起人们的注意。式样最简单的为面阔一间的木构门楼，这种门楼由四根立柱和两坡屋顶组成。在此基础上，还可升级为面阔三间的厅式大门。两端角柱由砖石砌筑，结构坚固，与山墙立面一致，当中立着狭长的木柱，两者之间形成一种和谐的韵律。此类大门在中国各地颇受欢迎。若是重要建筑，大门面阔可扩展为五间。具体构造或大气明朗，遵照旧时传统；或模样可亲，自然雕饰，陕西庙台子即是一例。更复杂的做法包括突出中间的屋顶部分，以墙墩遮掩当中的木柱，以及将木构架完全替换成砖石结构。上海的一处寺庙即是如此，其大门面阔三间，正中主入口的四周装饰华丽，且配有顶饰。尽管采用了砖石砌筑的墙体，形态看似更为先进，然而这些个别式样远非主流。横于山墙之间、面阔三五间的木构架殿堂始终才是真正经典雄伟的式样。即使有时出现木柱构成的走廊，但也仅限于这类殿堂式样，下一章将会就此展开探讨。

深山中的偏远寺庙、小型庄园和墓地展现出令人亲切的一面。这些地方的大门往往别有一番风情。这类宜人而又秀丽的景象主要出现在中原和南方各省。当中又以四川为首，其建筑风格独树一帜而又充满了想象，用色活泼且异常丰富。四川青城山圣地的一些寺观对此有着极佳的诠释，与之相邻的湖北也有这类范例。北京沿街房屋入口处可以见到一种极富特色的大门式样，为北方地区所独有。不过这种门大多情况下还是用于宅邸内部的院与院之间，尽管规格不大，却有令人称道的构造（参见46页，图45）。整个门面宽约1米，标志显著，正脊两端上扬，底部配有门枕石和高高的门槛。最有特色的当属位于额枋下方、悬在半空、划分成块的木头楣饰，以及楣饰底部垂挂着的柱头。中间一对柱头体型偏小，两端柱头相对较大，形似松果。此门与平整的院墙、素净且镂有图案的砖墙缘饰、院中树木、花园相结合，构成了一幅比例恰当、完美均衡的画面。其优雅自得的姿态正是对北方文化礼数周全，却高高在上的神韵的绝佳写照。

此处所探讨的例子仅为门建筑中的很小的一部分，通过以上简短的概述不难看出，整个中式建筑背后所蕴含的观点和思想在中国建筑元素——门中得到了完整呈现。

图 20. 明十三陵长陵的陵门。陵墓主人为永乐皇帝，逝世于 1424 年

图 21. 热河伊犁庙^①的二层山门

———————————

① 伊犁庙也称安远庙、金顶寺。

图 22. 北京西山琉璃渠官窑外的过街楼。屋瓦和脊饰皆为琉璃材质

图 23. 热河行宫正门的内侧图

图 24. 山东泰安府（泰山）的南天门。此处直接通往泰山顶峰

图 25. 山西代州的雁门关

图 26. 北京黑龙潭龙王庙内的阶梯

图 27. 山东济南府城墙边一座寺庙前的阶梯。阶梯东面为钟楼，西面为鼓楼

图 28. 北京紫禁城内的三座琉璃门。门以砖石砌筑，斗拱楣饰及屋瓦皆为琉璃材质

图 29. 清东陵惠陵的陵寝门。共三座，此琉璃门以砖石砌筑，斗拱楣饰及屋瓦皆为琉璃材质。陵内葬有同治皇帝和其皇后阿鲁特氏，二人皆逝世于 1875 年

图 30. 清西陵的边门。此门位于外围墙南段的大红门以东

图 31. 清西陵泰陵隆恩门的大门。陵寝主人为雍正皇帝，逝世于 1735 年

图 32. 广东广州满族人住宅的入口

图 33. 四川叙州府一座寺庙的入口

图 34. 河南开封府一座住宅的入口

图 35. 山西太原府以南演武镇一座宅院内
侧的入口

图 36. 广东广州的一座住宅的大门

图 37. 湖南衡州府的一座住宅的大门

图 38. 山西五台山十方堂的入口

图 39. 陕西秦岭庙台子的入口

图 40. 山东潍县一座寺庙的入口

图 41. 上海一座寺庙山门的入口

图 42. 四川青城山宫观的小门。门前有一小孩儿

图 43. 四川青城山宫观的小门

图 44. 湖北宜昌府一座庄园的入口

图 45. 热河一座客栈的内院门

殿堂

第三章

中国建筑艺术诚然多姿多彩，式样繁复，然而最引人注目且令人印象深刻的还是殿堂。简单的基本轮廓配上立柱和屋顶而得到的殿堂式样适用于下至茅舍上至宫殿的一切房屋，还不容置疑地成为了中式建筑的重要组成部分。就连大型建筑群的规划同样需要殿堂加以点睛，正是位于中央或末端的殿堂构成了整个建筑群的核心。大量的房屋和院落沿轴线依次铺展开来，由此形成一种富有节奏的韵律。因而在大型建筑群中，不同的殿堂在构造形制方面多有差异，其式样和规模根据重要性和位置相互协调。如此一来，殿堂本身又生出大量独特而迥异的式样，不过仍旧逃不出基本形制的范畴。基本构造奠定了中式殿堂绝对和谐统一的风格，中国建筑艺术令人赞赏的统一性在此得到了最佳诠释，而这种艺术上的统一性正是中国文化和谐统一的写照。另一方面，中式殿堂借助不同的外形展现了自身的可靠性和艺术性，中国人非常擅长借助艺术手段满足内在对于外在造型多变的心理需求。中式殿堂在实现如此多样性的同时，并未牺牲建筑风格的统一性，由此可见，正是其基本构想的简明特性造就了这种健全而又富有发展潜力的状态。中国的建筑师们不仅对此有着清晰而正确的认知与评价，更将这一理念坚定不移地贯彻于实际建造中。

作为探讨中国建筑的著作，本书仅针对成熟的建筑形制加以研究，有关殿堂从最初形态到最终成形的演变历史，在此便不做讨论，当然也缺乏足够的建筑史材料展开讨论。构造方面同样不纳入探讨，除非殿堂外观受到影响，才会稍加说明。在笔者之前的有关中国建筑艺术和宗教文化的著作中，已有一些关于殿堂结构的详细描述。此处仅从所选范例入手对一些主要模式加以说明，以便读者从一般意义上对殿堂的外观、构造、等级，或者特殊式样有所认识。尽管殿堂式样丰富多变，然而依旧可以从中得出一些基本形制，并且通过它们发现建筑的核心与本质。平面图有助于了解大型建筑群中各殿堂的排列情况。至于殿堂的具体组成部分将会在相应章节进行探讨。

殿堂式建筑由界限分明且各自独立的三部分组成——基座、以柱列为构架的屋身和屋顶。每一部分各有重要之处，尤其对较华丽的建筑而言。我国建筑的重心几乎全放在屋身的构成上，只需将两者加以对比，便可看出这种重要性。在我们眼中，基座和屋顶不过是一种艺术表现手段，可谓无足轻重。然而在中国，尤其对那些最经典的建筑来说，这两者拥有同屋身不相上下的重要性，有时甚至在美学价值上还要更胜一筹。

基座

原则上每一座中式建筑下方都建有独立的基座，式样最简单的仅为一处极低矮的平台，高度大约同门槛相同；多数情况下则会建成台基模样，通过台阶上下；至于较为华丽的建筑，它的基座通常由两到三层的平台、台阶和栏杆组合而成。这种在建筑物下加基座的做法自有其现实与审美层面的考量（这就给艺术的提升带来了机遇），我们对此已有所认识和考察。除此以外，这一构想同样符合中国人对封闭的私人空间隔离外部世界的内在需求。与之相似的还有在整座建筑群外部构筑围墙的做法。因此可将两者加以比对。本书第十一章将会就台基和栏杆展开探讨。

屋身

屋身完全采用木结构，由立柱和梁架组成。中国人按照面宽和进深安置的柱列将等级较高的大殿划分为纵横的间架，正中的明间相对较宽，从而突出了中轴线的设定。将柱列组成的构架加以闭合便可形成内部空间。具体做法包括在立柱间砌筑墙体，以及装入门扇与窗扇，或在外圈柱列之间堆砌隔墙。此时，隔墙类似于承重墙，但不起实际作用；有的隔墙设于室内某些柱子间，由此形成一重到两重回廊，偶尔甚至出现三重。

两侧山墙间常会设置门廊，其面阔有时仅为殿堂明间的宽度，有时在立面前方的两侧还会设置次间，整体形成进深一间的形式，通过闭合的殿身划定界限。另一方面，以五台山为例（参见60—61页，图57—图58），门廊偶尔也会独立建于南边立面的前方，在构造方面尤为突出。对于住宅和寺院内较为华丽的殿堂而言，其内部正中常会减去一定数量的柱子，以便形成开阔的中心地带。中央天花的设置更突显了这一效果，令整个内部空间看起来高雅而肃穆。

人们完全可以将中式殿堂及包括立柱、间架、回廊在内的相应体系与希腊神庙展开广泛的对比。因为许多消失的希腊神庙建筑同样采用木构架，其木柱间的距离显然比后期砖石建筑显著。纵然如此，两者间仍存在大量的差异。这种差异虽然不能说明希腊和中国建筑风格毫无共同之处，但至少证实了两者的发展历程各自独立。最令人信服的一点便在于中式殿堂的正立面并不像希腊神庙那样位于山墙一侧，而是指横向较宽的那面，中国所有房屋的入口基本上都设于此面。辟有入口的立面往往朝向南方，正对午时的太阳，除非地形条件不允许才会被迫另选方位。厢房和配殿可谓例外，这些屋子因位于院落两侧，注定只能面朝东西。在中国，大大小小的建筑群都设有一条南北中轴线，建筑群中所有重要的房屋都沿着这条线按纵深方向排列开来。依次展开的殿堂因大小、高度不一而产生一种富有节奏的韵律感，其重要性方面的差异同样需要借助外部构造加以体现。由于殿堂在开阔的建筑群中沿中轴线纵向排列，同时横向展开与之相交，这种布局就为立面构造和外观上的变化提供了条件。在这一点上，连希腊神庙也无法与之匹敌。不过，希腊神庙由构件、立柱和梁架组成的结构稳固而又成熟，比例因明确的规定而清晰了然，同时展现了一定的精细度，比如凸起部分的设置和装饰式样的严格分配，这些都是中式殿堂所不及之处。尽管中式柱列同样关联密切，并且借助统一的间架设置赋予了立面雄伟至极的气势，然而中国人独独在同一立面的间宽问题上表现出了一定的随意性，虽在其他方面同样不失严谨，却与希腊精神形成了强烈的对比。中国人似乎常常自由地改变柱间距，有时在立面两端另外增添一部分空间作为侧面回廊，有时则会以一种近乎幼稚的方式在正立面前部辟出一小块狭长的空间作为走廊。唯有在上方夹层中，间宽通常才会呈现清晰的统一性，表现为由中间向两边递减。如此设计，造成了一种奇怪的效果——就正立面而言，夹层两边看似立于最外侧梢间中心处，实际上，大多数不过是殿身转角的延续。

　　之所以会出现这种不均衡、并非完全一致的构造，内因正是中国人某种程度上的漫不经心。他们通常将困难视作难以改变、无从解决的自然现象，同时出于信念而不愿探寻一种必然的模式，以替代随意自然的做法。他们深知生活不可能事事如意，对于那些受制于条件而无法完全实现的至高目标，部分达成已令他们心满意足。这种理念同样贯穿于艺术作品中，内中缘由透露出些许亚洲人对于自然威力的无可奈何。在之前的例子中，大殿宽阔的立面和夹层的设置导致屋顶构造复杂，在此情形下，为保证双层重檐与殿内立柱相连，中国人在建造大殿时放弃了上下一致的构造。此外，殿内空间尽可能开阔，以形成良好的采光，殿身外部可分出层次，同时增加高度。必须承认的是，尽管希腊神庙的模式更为简单，然而以此为参照设计出的柱列构架并不能完全实现以上要求。因此，中国的建筑师才会满足于采取折中方案，至少能够确保清晰的外在构造。不过，接下来他们将在构造各式各样屋顶的过程中享受充分的自由，使其成为独一无二的存在和高层建筑最重要的组成部分。

屋顶

中式建筑的主要立面并不像希腊神庙那样位于山墙一侧，而是指房屋横向较宽的一面。因此，中轴线上的建筑重点并非山墙，而是组成屋顶的两坡。正是这一点造就了中式屋顶的丰富性，由此产生了各式各样的屋顶式样。随着时间的推移，弧形的屋面成为所有元素中最奇特且最气派的存在。包括一些等级稍高的房屋在内，无数建筑的屋顶均已表明弧形屋顶在中国并非无处不在，而是仅限于重要建筑。由此便可看出，这种设计并非出于结构需要，这一点无论在中国还是我国并无差别。事实上，有关早期屋顶式样的线索似已证明弧形屋顶的历史最早不超过唐朝，甚至可能直到唐朝末年，即公元900年左右，方才出现。这些线索来自公元前后几百年间的石雕作品，且全部发现于北方地区。如此久远的木构建筑显然没能留存下来作为评判准则，奇怪的是就连可靠的图像资料也没能从中找到一点线索，因此，这一式样直到相对较近的时期才得以发展。可以说这种现今流传于大江南北、作为中式建筑主要标志之一的屋顶形式不过是一种艺术表现手法。不仅殿堂建筑能见到起伏的曲线，几乎所有的建筑物，比如塔、墓碑、楣饰、祭坛、香炉以及整个工艺美术领域，都少不了它的身影。亭子因其生动的曲线轮廓成为殿堂之外最引人注目的典范。人们为这一式样取了个贴切的名称——亭式风格。

关于弧形屋顶的起源问题，此前学界已有过众多探讨。人们已经注意到屋面弧线的出现最早不会超过唐代，仅凭这一点便可推翻其与帐篷之间的关联。据说，中国人某一时期曾过着游牧的生活，而弧形屋顶正是源于与此相关的记忆和传统。这种推论可谓毫无道理且缺乏证据。还有观点认为屋面的弯曲是出于建筑结构与环境气候方面的考量。但是这两点仍旧难以成立，因为世界上还有许多地方都有与中国相似的环境气候，却并未形成相同的屋顶式样。此外，在搭建屋顶的过程中，屋面的坡度需要相当复杂且特殊的构造方能实现。相关构造技术肯定不是这一艺术形式产生的主要缘由。如此一来，也只能推测对于预期艺术形式的向往才是弧形屋面出现的真正原因，相关构造技术正是源于这一预期艺术形式。毫无疑问，整个过程及日后演变势必有所参照，才会形成这种审美情趣的新视角。这种弧形屋顶借鉴的对象必然来自建筑艺术领域，而非源于帐篷。

如果稍加注意便会发现曲线最繁复的屋顶主要分布在中原和南部地区，而北方屋面的弧度相对平缓许多。由此不难想到，这一式样最初来自更偏南方的区域，北方一带并非其主流所在。前者纳入中华版图的历史相对较短，这一事实正与新式屋顶登场较晚的现象相契合。因而，可以进一步从南方那些闻名的，或者本土的建筑入手，探寻其中的关联所在。如今还可将中国人新颖生动的弧形屋顶同印度尼西亚土著的建筑加以比对，当地茅屋和宗教建筑的屋面至今依旧展现出强烈的弧度，甚至超越中国南方的屋顶。人们大可想象，这种鲜明的艺术形式受到了中国人的格外青睐，继而开始加以模仿，并且直到今天依然对其偏爱有加。更有可能早在公元后的最初几百年内，中国人便在如今的南方地带发现了这种全新的式样，同时逐步掌握了相关制造技术，之后将其传入北方地区。在当地环境气候和文化特性的作用下，形成了更为精练的线条风格，并且很快成为近乎典范的存在。尽管具体的发展历程尚未明确，但我们仍有理由推断，如今人们所熟悉的中式建筑面貌连同弧形屋顶实则相对新颖。由此可以得出一个惊人的结论——尽管在本土发展演变，中国建筑艺术的核心元素之一最初竟来自异域。这一结论正与中国建筑艺术受到众多外来影响的事实相符合，在接下来的探讨中将会对此进一步分析。由此也可看出，如今自成一体的中式建筑同样包含了大量的外来元素，而且外来元素在其中发挥了重要的作用。

除去独特的弧形屋面，还有一些元素几乎仅见于中式屋顶，比如双重甚至三重屋檐以及歇山顶中的山花。从四周带回廊的大殿可以推断出，双层屋檐的出现似乎起源于在建筑物核心区域某几面甚至四周添置护廊的做法，后来这种双层结构逐渐发展成一种建筑构造。最初的护廊形制相当简陋，且多用于简单的建筑结构上，时至今日仍能在中国各地见到大量的实例。在同主建筑屋檐接近并实现有机结合的过程中形成了双层重檐。据中国人所言，早在三千多年前的商朝时期，这一式样便已作为奢华与威严的象征用于贵族建筑上，且在房屋四周皆有应用。这种环绕型的单坡屋檐正与今天的庑殿式屋顶相对应，后者的山墙顶端完全呈坡面状，成为皇家或礼制建筑的一种特定形制，这类建筑显然仍保留着古老的风格。歇山顶这一式样无疑年代更近，如今却通用于等级较高的建筑上。其屋顶下部沿山墙环绕一周，而山花位于向外延展的屋檐上方，大小并不固定。有时屋顶仅保留一小部分，留出大面积的山花；有时恰恰相反，山花面积不大，下方屋面开阔。若是在多层建筑中出现三层重檐，那么最顶端的主屋檐将不用庑殿式，而仅用歇山式。

纵观图中的一系列殿堂式样便可看出，其屋顶等级从简单的双坡式直到最气派的双层三重檐。对于三间或五间大小的殿堂，最简单的双坡屋顶便已足够。其正脊或为弧形卷棚式，或采用更高级的式样，做成稳固的长条状。中国古代礼制宫殿建筑[①]上的正脊呈质朴而笔直的线条状，后来显然受到佛教的影响才出现了各式各样的构件和装饰。时至今日，我们仍能在一些严谨的建筑上见到这种古老的形制，而新式做法甚至已运用到孔庙中，不过这些建筑往往历史不长，很多方面都已表现出佛寺的特征。北京皇宫和明十三陵中的大殿正是这类老式庑殿顶建筑的卓越代表。至于年代较近的清皇陵，其大殿已完全采用歇山顶，不过仍保留着笔直的正脊。就大型建筑而言，比如面阔五间、七间甚至九间的大殿，屋顶这一重要主题往往同下方华丽的多层台基配套出现。

随着对重檐之间夹层的突出，一种重要而又新颖的构造方法应势而生。对于这部分空间，人们要么仅提升其高度，装上窗户，形成独立的分层，从而增加室内的采光，比如湖南醴陵县的一些建筑便采用了这种手法；要么将其设置成真正的楼层，通过楼梯进入。尽管中式建筑多为单层，然而许多双层建筑，尤以商铺为代表，并非今日才出现，而是古已有之。这在石刻浮雕和文学作品中均有例证。北京宫苑中便有这类建筑（参见 64 页，图 61—图 62），其上层甚至做成敞开式，与弧形的正脊和四坡屋顶一道体现了古老的传统。山西平阳府历史悠久的尧帝庙内，有一座形制古老的门楼式建筑（参见 65 页，图 63—图 64）。其上层屋顶采用了重檐式样，从而出现了三层重檐这一重要主题，尽管其下层单坡式的屋檐并未与顶部重檐形成有机的整体。苏州一处道观内有一座三层建筑，通过在顶部额外增添屋面，最终形成四层屋檐的效果。据笔者所知，其可谓同类之最，显然已具备楼阁的外形。

另一十分新颖的形式则要追溯藏传佛教的影响，正是它将各式各样有关楼阁与对称建筑的理念从中亚传入中国。这一类型的建筑明确且自觉地采用了上下均等的楼层构造，其实例在西亚、印度甚至中国西藏地区久已有之。北京黄寺内有一座对称的二层建筑（参见 66 页，图 65），两座建筑中间为天井，这可以看作这一式样的代表，同时与中式腰檐相结合，在楼层间形成分隔。北京西山戒台寺千佛阁的双层腰檐可算作一处例外。大殿极宽的立柱构架和不同寻常的比例显示出藏族风格的影响，同时透出极其明显的楼阁式建筑特点。千佛阁所采用的三层重檐式样如今以超然而又完美的形态出现在一系列堪称中国建筑艺术顶峰的作品中。不过，若非来自西边藏传佛教的

---

① 礼制建筑包括祭祖先的家庙，祭天、地、日、月、山、川的坛庙等。

影响，只怕永远都不会形成如此完美的构造。这一式样表现为上下带回廊的二层楼阁式建筑，下方设一层腰檐，上方建双层重檐。第一章中曾描绘过的北京前门城楼便是个中典范。北京雍和宫（参见 67 页，图 67）为典型的楼阁式建筑，用色受藏传佛教建筑影响，同时展现出明显的殿堂式样。中式殿堂并未沿着这条道路继续下去。正如我们将在书中看到的那样，楼层和屋顶的增加形成了特别的楼阁式建筑，并最终走向"塔"这一理念，从而完美地解决了中国人向高处发展的内在需求。

　　中式殿堂卓越的美感主要形成于垂直和水平线条之间的和谐及均衡，前者包括立柱和正面屋瓦线条，后者出自额枋、台基、屋檐和正脊。这种二元性被视作阴阳平衡的象征，纵横线条的和谐统一正是其外在表现。正如水平的线条能为画面带来静态感一样，古老的庑殿顶仿佛将房屋牢牢地横锁于大地之上，这种融为一体的效果正是中国人一直追求的。山花的设计造就了歇山顶生动而迥异的轮廓，起伏强烈的屋面曲线和引人注目的正脊装饰更起到锦上添花的效果。前者在中部和南部地带尤为明显，显示出新时代的气息和西方建筑艺术的影响。

图 46. 福建福州府鼓山一座寺院的客房

图 47. 北京紫禁城入口处的房舍

图 48. 清西陵慕陵隆恩殿的侧视图。殿内葬有道光皇帝和他的三位皇后，前者逝世于 1850 年

图 49. 清西陵慕陵的配殿

图 50. 清西陵慕陵隆恩殿的正视图

图 51. 清东陵惠陵的隆恩殿

图 52. 明十三陵长陵的祾恩殿

图 53. 江苏苏州府孔庙的大成殿

图 54. 江苏苏州府玄妙观的三清殿

图 55. 湖南长沙府孔庙的大成殿

图 56. 湖南醴陵县孔庙的大成殿

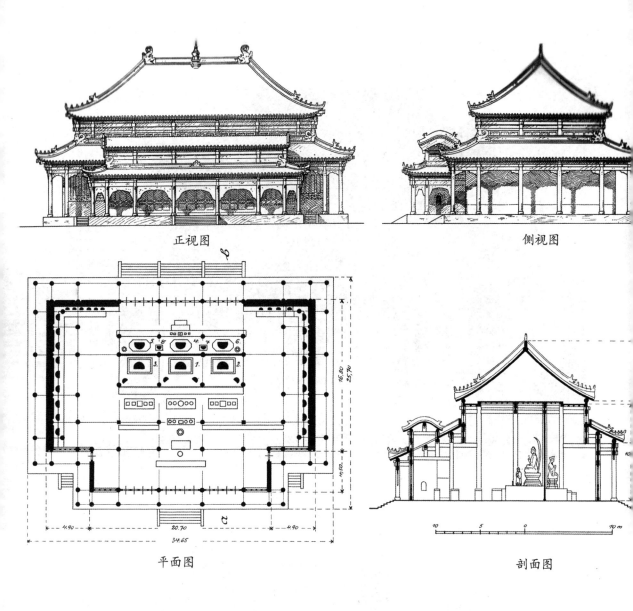

正视图   侧视图

平面图   剖面图

图 57. 山西五台山显通寺的大佛殿。前置抱厦^①，殿内前后两处佛坛上供有三世佛、三位观音及其随侍

① 抱厦，清代以前叫龟头屋，是指在原建筑之前或之后接建出来的小房子。

图 58. 山西五台山显通寺大佛殿的正视图。前置抱厦

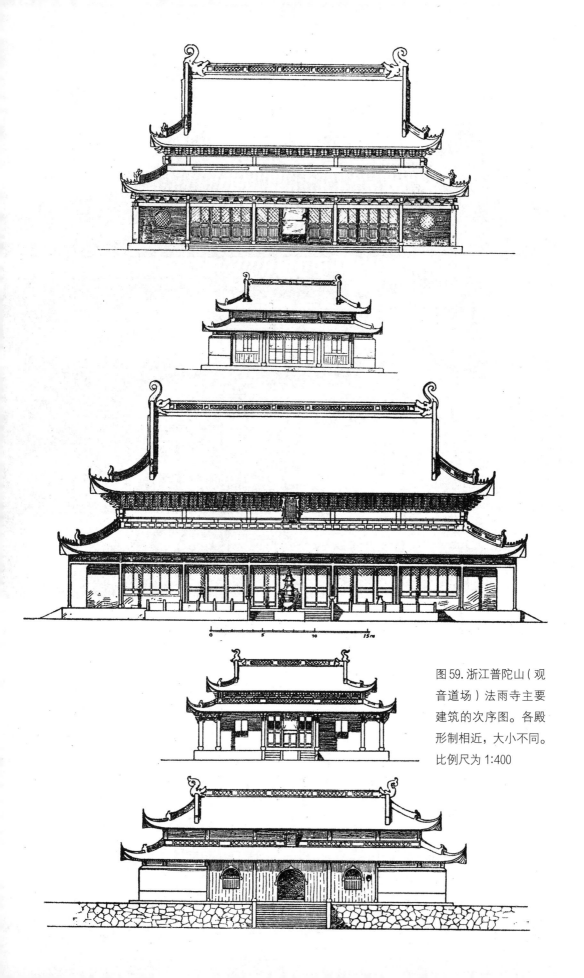

图 59. 浙江普陀山（观音道场）法雨寺主要建筑的次序图。各殿形制相近，大小不同。比例尺为 1:400

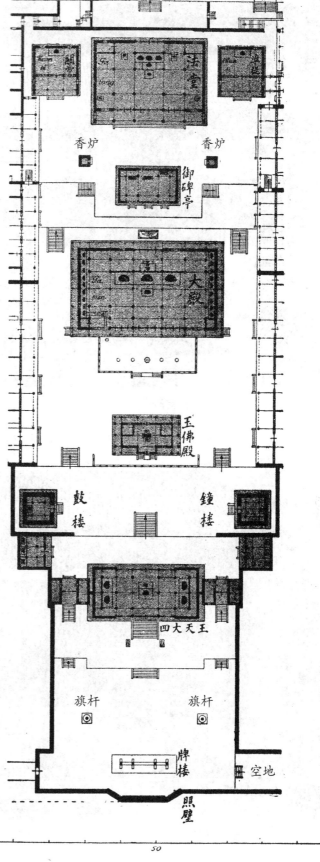

图 60. 浙江普陀山（观音道场）法雨寺主院落及各殿的平面图。殿堂于开阔的建筑群内依次展开，形成一种韵律感。房屋与中轴线横向相交。比例尺为 1 : 1200

法堂

香炉　　香炉

御碑亭

大殿

玉佛殿

鼓楼　　鐘楼

四大天王

旗杆　　旗杆

牌楼　　空地

照壁

Maßstab 1 : 1200.

图 61. 北京颐和园万寿山的北宫门

图 62. 北京颐和园内的楼阁

图 63. 山西平阳府尧帝庙的光天阁

图 64. 江苏苏州府玄妙观的弥罗宝阁

图 65. 北京黄寺的楼阁

图 66. 北京西山戒台寺的千佛阁

图 67. 北京雍和宫的万福阁

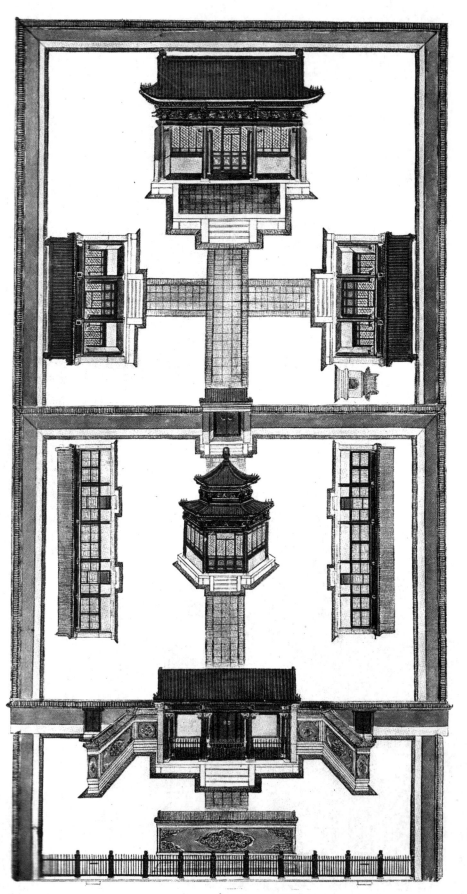

图 68. 直隶天津的
李公祠。为大臣李
鸿章的祠堂。李鸿
章 生 于 1823 年，
逝世于 1901 年 11
月 7 日。此 图 根
据中国建筑师的彩
色图纸而作，绘于
1903 年，大小仅为
原图的三分之一。
入口：照壁、正门、
八字墙、便门二；
前院：穿堂（或拜
殿）、碑亭、厢房
二、穿堂门；后院：
燎炉、配殿二、正
殿（或大殿，内有
李鸿章牌位）

第四章 砖石建筑①

① 有关《砖石建筑》一章可参见《伊斯兰教陵墓》和《中国建筑与风景》的第 232 页。——原注

直至近代，凭借成熟的柱列构架和繁复的屋顶，中式殿堂一直是中国雄伟建筑艺术的最佳代表。这一现象尤为值得注意，因为不仅殿堂本身用到了大量的砖石材料，其他类型的建筑更是如此。由此可以看出，中国人不仅对这两种材料表现出了极大的热情，也同时完全掌握了相关技巧和工艺。单就大殿而言，便已用到了丰富的砖石构件。无论台基，还是立面柱列间除门窗以外的空间，都能看到砖墙的影子。这些墙体或是不加修饰直接砌成，或是涂以灰泥，偶尔还会以石料镶边。栏杆、露天的台阶设施、立柱以及其他许多建筑部件往往由加工精美的石料制成。房屋的木构架常常隐没于围墙中，使人误以为是砖石建筑，尽管实际并非如此。至于陶瓦的丰富应用，尤其与屋顶相关的内容，将在之后的章节中另做讨论。最为值得一提的当属墙在建筑组群中所扮演的关键角色——譬如城墙，还有位于帝国北部的长城——从而使得整个中国建筑的面貌更富有一种砖石气质，而非木头。伟大的砖建筑艺术在城墙上得到了最佳诠释，然而在最高等级的形制中，中国人依然选择木构架的殿堂作为城门上方的建筑。无论从宗教还是雄伟的角度来看，这一式样对于他们来说始终都是最气派的象征。如若某些建筑类型或主要构件始终以砖石砌筑，一定有特别的原因。就桥而言，弧拱的设计或是石墩上架设石板的做法显然出于技术和力学需要。随着塔这种宗教性的楼阁式建筑和牌楼这类门楼式建筑自印度传入，砖石元素一并被带入中国且得以保留。对于这些单独的建筑式样，本书将选取其中一部分予以讨论。本章所要探讨的对象并非上述这些式样，而是砖石砌筑的中式住宅和殿堂。这些房屋已初步显露出砖石建筑的风格，只是分布零散或仅限于某些地区。人们将会看到西方的建筑元素同样在这一领域产生了巨大的影响。

在此，先就砖石建造的技术问题做几点说明。世界各地都有以烧制过的黏土塑造器物和人像的做法，中国也不例外。近来随着远古遗物的出土，已经证实这种艺术上的运用可追溯到公元前 3000 年至公元前 2000 年的史前时期。黏土通常以砖瓦或特殊模件的形式运用于建造中，它作为建筑材料的历史毫无疑问同样十分悠久。针对公元前 2000 多年高度发达的文明所做的研究，以及其中关于公元前 1000 年周朝时期个别建筑物的说明，都已对此做出了确认。自古以来，从中国东北地区直到最南边的缅甸、暹罗一带，整个有文明存在的东亚区域都能见到砖建筑的身影。优质的黏土材料遍布各地，将其加工后放入大大小小的炉子或体形更大的砖窑中进行烧制，最终烧制出青砖。烧制不足的情况时有发生，以至于成砖在用于横楣和饰有图案的地方时，需要再次塑型；有时火候又会十分强烈，近乎我们的烧结工艺。砖块的规格似乎并不固定，直到今天依然差异颇大。在隋唐时期，大约公元600—900年，10到14层砖相当于1米的高度，长度为23—48厘米。尺寸最大的砖出现在明代和18世纪，其大小超过50厘米，当年建造北京城墙时用的便是这种砖。如今最常见的细长砖块高度为5—7厘米，通常经打磨后对贴铺设，再以灰泥填缝，外表几乎看不出来砖石之间拼接的痕迹。不过同样存在缝隙较大的情形，此时往往以圆线进行修饰。至于大型模件的制作和烧制工艺，由于属于建筑制陶的范畴，将另辟文章进行探讨。

　　尽管砖建筑的身影遍布中国各地，不过主要还是出现在长江以北广阔的黄土平原上，其间纵横着淮河、黄河等河流——黄河在陕西的支流渭河、黄河在山西的支流汾河、最北部的白河和贯通四大水系的京杭大运河。受地质影响，这一地带发展出独特的砖建筑艺术，以其亲切丰富的式样和健全的构造为北方的小型城市，特别是一些小村庄，增添一抹特色，同时展露出极大的发展潜力。在位于山西、陕西和甘肃的西北黄土高原上，这种土生土长的独特艺术同当地的民居艺术进行了结合。这里的人们很早便学会以黄土为材料——先是利用风干的方法，不久后又通过烧制工艺加工出建筑构件，并以此构筑出各种独特而优美的建筑。这些式样成熟的建筑物有着漫长的发展过程，鉴于相关内容更多地属于建筑艺术史和地方建筑的范畴，因此不再进一步探讨。

　　无论如何，生活在这片黄土高原地带的人们同样很早便独立发现了包括半圆拱、椭圆拱和尖拱等各种变体在内的拱结构。黄土平原上即是如此，当地的人们在砖建筑领域的漫长而丰富的实践中，必然发现了拱结构这一式样，甚至很早便造出各种穹隆结构。至少城门即可证明，人们不仅对拱券和穹隆结构毫不陌生，并且还能正确地加以运用。即使做法稍有差异，仅从构造和式样也可看出其悠久的历史。自公元后起，中国的建筑艺术明显受到西方的影响。作为古希腊罗马时期的延续，意大利的成熟式样便对中国的拱券和穹隆建筑产生了这种影响。自唐代起，又有了伊斯兰建筑元素的加入。元代时，藏式砖石建筑艺术开始传入中原，尽管完全照搬式样的例子零星可见，但在大量的纯中式建筑中，都能看到这一工艺所带来的技术影响。公元6世纪（北魏时期），波斯尖拱便已大量地运用于岩壁石雕等佛教建筑艺术中，并且演化为挑尖拱或各式各样的凸起形状，甚至有时还会用于木作。此外，还出现了都铎式拱这种扁平型叶状式样的尖拱，并且被运用于佛教建筑中。马蹄拱在园林中常被改造成纯粹的圆拱，不过仍然可以看出西亚的特色。在拱券式样方面，中国人选择以简单的筒拱结构及圆形或尖形的穹隆结构为主。相关构造常常规模惊人，比如北京西山碧云寺附近的一座无梁殿，其硕大的尖形穹顶跨度达 15.4 米（参见 80 页，图 74）。有时还会与藻井结合，太原府和苏州府皆有这方面的实例。另一方面，圆顶建筑同样时有现身。在杭州的大型清真寺中，出现了利用穹隆在方形平面上建造圆形拱顶的做法，时间可能早至唐代。峨眉山万年寺无梁殿建于明朝万历年间（1573—1620），其圆形拱顶直径达 9.5 米，方形平面与拱顶之间的墙壁上方出现了楔形结构（参见 79 页，图 73；参见 81—82 页，图 75—图 76）。济南府标山（Piaoshan）上甚至有一处名副其实的尖顶，不过规模较为小巧，跨度仅有 4.5 米。至于成熟的哥特式平拱，笔者还从未见过任何应用。

中国人的石作技术同样完美卓越，却似乎未能形成石建筑独有的成熟构造和艺术式样。汉墓中的立柱（参见 200—202 页，图 231—图 235）表明，中国人很早便已掌握了开凿、运输和加工大型石块的技能。纵观整个中国建筑史中的石作品，可以看出中国人在图饰的准备、着手和完善方面小心谨慎的作风。对于凿剥剔除方面的难点，中国人同样展现出了高超至极的技艺。单独的石构件和单体石建筑便是证明，比如栏杆、台阶、墙体、牌楼、坟墓和塔等。中国石匠利用成色上乘的石灰石、沙石和花岗岩打造出堪称典范的狭长立柱和石墩。这些石柱长达 6 米，部分地方雕饰繁复，多出自直隶[①]、山东和四川，尤以湖南为最。更为罕见的杰作则属牌楼和桥梁上的巨型石坊，其长度为 6—8 米，中间并无支柱，其余尺寸同样不相上下。福州某座桥上的石梁在中间无支撑的情况下，甚至长达 12 米。借此再强调一下，这些都只是令人惊叹的细节，真正精妙绝伦的还是筑墙以及制作结构性和装饰性石构件的技术，这背后正是中国人对于以墙面和各种部件构筑完美封闭空间的由衷热爱。尤为值得注意的是，在建造宅院和寺院中的殿堂时，石料的用量很小，封闭的立面上更是极少出现石料的身影；至少在宗教建筑中，这类石建筑大都仿自印度；可见中国人在内心深处对于纯粹的石建筑相当疏远。

对于自成一体的砖建筑，此处所举的例子均与中国北方地区的建筑方式息息相关，尤其是之前提到的黄河与京杭大运河一带。因此，这种独特的式样几乎仅见于村

---

① 相当于北京、天津、河北大部和河南、山东的小部地区。

庄和极小型的城镇，在大城市中则以成熟的"厅式"为主。平原地带的砖建筑中无疑保留了一些原始的建筑式样，甚至在此基础上有所发展。在济南府周边的村庄中（参见 84—85 页，图 79—图 80），陡峭的砖砌山墙四周通常围有加工适宜且素净的石件，看起来极具生气，在涂有泥浆的墙壁衬托下，格外引人注目。有时，这些山墙与同院或街边的房屋交叠在一起，构成一抹秀丽的乡村风景。乡下的屋顶大多并不做出曲线，因此山墙的线条清晰而又笔直，偶尔呈阶梯形。在兖州府，除了这种山墙式样，还能见到生动的带点中原或南方风格的弧形山墙。此外，在山东还出现了完全的平顶建筑（参见 21 页，图 9；24 页，图 13；85 页，图 80），屋身由石料或砖砌成，并涂有灰泥。在山西和直隶，连在一处的大块平顶还会围出一层阳台，四周栏杆或是采用雉堞式样，或是做成带有瓦上图案的横饰（参见 86—87 页，图 81—图 84）。当地的砖建筑用到了许多令人感到亲切的装饰手法，房屋立面因此显得生动活泼（参见 90 页，图 89），其余各省皆不例外，尤以陕西为最。其中最令人印象深刻的元素便有门柱。在故都西安府周边一带，这种坚实的墙墩镶嵌在房屋入口或立面处，在花纹和图案的装饰下显得活灵活现（参见 88—89 页，图 85—图 88）。这类不同寻常的元素往往限定在相对狭小的区域。西安府向西不远便已见不到门柱的身影。

在山东，人们喜欢将圆窗、窗拱与精美且带有纹饰的砖图案相结合（参见 90—93 页，图 89—图 94）用于二层建筑上以形成显著的视觉效果。古老的中式直棂窗突显了庄重而平整的立面。另一些情形下，规整外凸的腰线和矩形窗孔在平坦的石立面上划出清晰的界限。不同于这类具有力量感的式样，在一些高大的砖立面上，不仅饰有砖瓦砌出的精美图案，前方还附有木构抱厦。从中可以看出一种相对新颖的中式风格，特点在于借助优雅的造型为基本形制的抽象外观注入艺术活力，令人产生亲近感。

砖石建筑发展道路上的另一重要起点便是要塞建筑（参见 94—95 页，图 95—图 100）。城墙自古以来便肩负着抵御强盗的任务，在中国历史上接连不断的自卫防御战中发挥了巨大的作用。无论对城市还是平地上的小村庄，还是一些大家族聚居的庄园，城墙都具有十分重要的意义。城墙城门之外进一步发展出了附以高墙和雉堞的敌楼，继而演化出带有防御设施、用以储存的楼式仓库。如今，在这些建筑中仍能发现大量的古董。作为中国独有的建筑元素，当铺的仓库便安置在这类楼房中。作为宗教建筑时，楼内有时会辟出一间屋子，用来供奉魁星或财神。这在山西尤为常见。或者像五台山那般，结合中国藏族建筑的元素建成真正意义上用于储存的高层建筑。雉堞这种防御元素用于庄园中时，往往与平顶相结合。这些庄园或是聚在一处，或是各自分散，由此在广阔的区域内形成一幅独特的景象。在山东、河南和山西，尤其在黄土地带的民居附近或山谷中，堡垒一幢接一幢地排列开来，要塞的出现更加突显了这一景象。这种建有围墙、配有雉堞高楼的避难所多设于丘陵山脉附近的高处地带，以备周围居民躲避危险。此外，高墙、楼阁、雉堞等防御元素同样被用于庙观中，正像我们在中世纪初期那般（参见 98—99 页，图 103—图 104）。从山西太原府出发，向南走上几日，便能接连不断地见到这类路边庵庙。尽管其大多都借中式屋顶加以丰富，然而，要塞式的建筑依然令人印象颇深。不过由于纹饰的缓和或者规模的消减，其实际防御功效几乎为人所忽略。

　　有关拱券和穹隆结构的重要内容之前已交代完毕。当它们被运用于经过规划且构造复杂的建筑中时，往往与西方有程度不一的紧密关联。接下来的内容将围绕此类或相似建筑的外形展开。山西太原府南十方院^①内有一座立面狭长、等级较高的二层纯拱券结构建筑（参见 101 页，图 106），从外观便可清晰看出它的内部筒拱依进深设置，同时沿墙面依次排列。二层敞开式的柱廊在高大的砖砌围栏和屋檐所形成的清晰线条间逐一展开，显得大气而又沉静，梁架更是突出了这一效果。在太原府以南的大型祠庙——晋祠内，同样可见类似的建筑，不过底层仅设一间横向相通的筒拱，上方砌有藻井。

　　在太原府著名的双塔寺内，有一组丰富的建筑群。它由三大两小共五座无梁殿组成，同样用到了横向筒拱搭配藻井的构造。其中主殿高两层，两侧配殿为单层（参见 101 页，图 107）。立面以半柱划分，柱身嵌入墙面，与印度风格相比，更接近古典风格。立柱下方有厚实的柱础，柱首为中式构造，上托额枋，主殿上设斗拱层。横饰、斗拱层和屋顶均为中式构造。中轴线和转角处丰富的斗拱式样尤为引人注目，从建筑构造来看，可谓中西建筑元素的有机结合。这一显著的式样出自明朝万历年间，至少寺中双塔建于这一时期。江苏苏州府有一座同样有趣的建筑，可惜此处只能附上平面图和剖视图，不过其立面式样完全同前。据说初建于公元 502—550 年，经证实重修于 1601 年，形制保存至今。圣地五台山显通寺内有一组建筑（参见 103 页，图 110），它由三座两层高的无梁殿构成，堪称这一类型的完美典范。其中较小的两座位于寺庙

---

① 即白云寺。

后方的台基上，主建筑的藏经阁立于寺院宽大的院落中。殿身细节精美且张力十足，各层立柱依面阔设置。这些房屋同样问世于热衷土木的万历时期。如今仍可见到不少这类中印混合风格的建筑。在中国其他地方，偶尔也能见到构造相同而体形较小的无梁殿。五台山北面一座构造丰富的路边寺庙中和西安府附近便有相应实例。这一式样似乎早有雏形，且不带立柱。北京古老的金朝人墓地附近有一座孤立的二层石建筑。这座最晚建于唐代的建筑便可作为例证。上述式样另有变形存在，通常为两层的无梁殿，外观稍作改变，通体覆以琉璃件。笔者将在有关中国建筑陶艺的文章中专门探讨。

还有一类自成一体的砖建筑，内部仅有一间，且呈中心对称，配以歇山式屋顶，还有前文简单提及的拱券式样。四川峨眉山万年寺铜像所在的无梁殿（建于万历年间）便是例证之一。北京西山脚下的碧云寺附近一座规模更为宏大的无梁殿。该殿原先所在的大型寺院已经毁坏。这座大约建于 18 世纪的大殿同样可作为范例（参见 79—82 页，图 73—图 77；参见 103 页，图 109）。从北京西山碧云寺无梁殿的重修过程中所取得的可靠线索来看，峨眉山无梁殿的巨型歇山顶以双层斗拱和厚实的墙体为支撑，墙上辟有门与壁龛。内部中心区域尽管采用中式风格，却毫无中式特点，显示出来自西方的影响。

自唐朝以来，历朝历代对西藏地区都十分友好。到了明朝，藏式建筑元素大规模传入北方地区，清朝更甚。不过正如之前所述，这些建筑相对零散且地点固定。位于长城外的热河便是其中一处。作为清朝皇帝的避暑胜地，这里建有成组的砖石建筑，部分直接仿自著名的藏式宗教建筑布达拉宫和扎什伦布寺。这两处正是藏传佛教领袖在中国西藏地区的驻地（参见 106—107 页，图 113—图 114）。宽广的巨型墙面上辟有成排的窗户，其中一部分为盲窗，正如某些楼层一般，通常设有五层，布达拉宫甚至达到十层。整个建筑散发出浓厚的异域风情，为大气磅礴却始终和谐高雅的中式建筑注入了一股来自高山之巅的阴沉力量。由于对这类式样所透露出的防御气息感到陌生，中国北方的人们选择在建筑外观中加入中式元素，以此诠释他们对于中式建筑风格的理解，并且最终将藏式建筑改造成反映其思想的产物。门窗周围以华美的琉璃件做装饰的精美图案即是常见手段。北京附近的西山上建有用于军事演练的单体碉楼。即使是这种纯粹的藏式建筑也在优美的比例和少数精巧的细节中展现出一种更高级文化所拥有的庄重姿态。

最后还想再提一下伊斯兰建筑元素，主要涉及清真寺内的穹隆建筑和拱券结构的浴室。然而很多情况下，对于清真寺内的中式殿堂，人们往往只是为其添上宽阔的石立面，并未彻底改成砖石建筑，就连杭州的礼拜寺[1]也不例外。只有在某些兼作小型礼拜寺的墓地建筑中才会见到这种做法，比如广州城墙北面某座小巧的房屋即是如此。不过这种例子极为少见。这样的建筑方式为伊斯兰建筑元素与中式建筑风格、宗教习俗或其他生活习惯建立起进一步的关联。

---

[1] 即凤凰寺。

图 69. 直隶清东陵附近茅山庙（Mao shan miao）内的拱券结构建筑。底层辟有一排筒拱，顶层殿堂已毁。比例尺为 1∶300

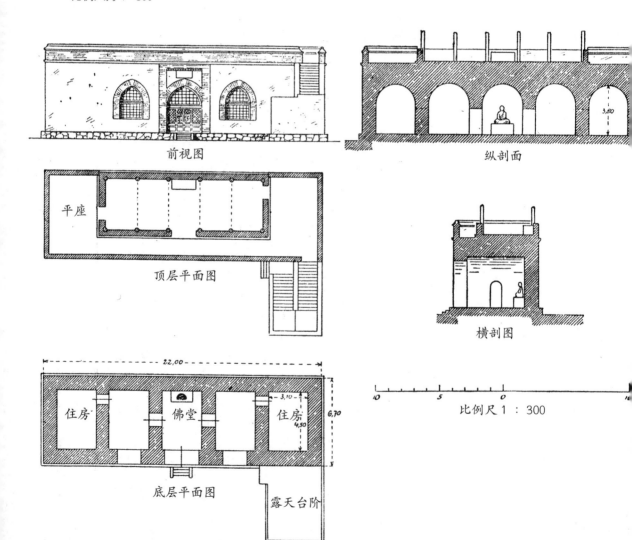

前视图

纵剖面

平座

顶层平面图

横剖图

住房 佛堂 住房

底层平面图 露天台阶

比例尺 1∶300

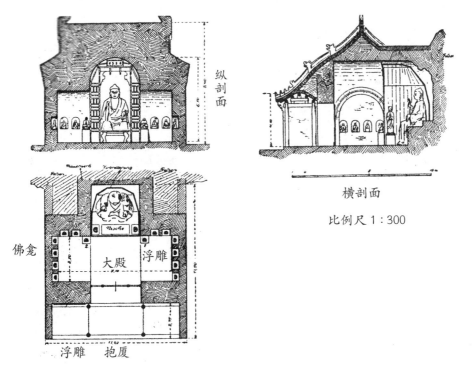

图 70. 山东汶上县以南青阳山上一座寺院的佛殿。其为拱券结构，当中筒拱由岩壁佛龛延展而来

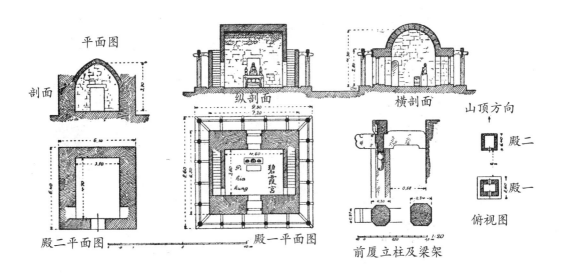

图 71. 山东肥城县孝堂山脚下的石庙（遗迹）。庙内供有泰山女神碧霞元君。比例尺为 1∶300

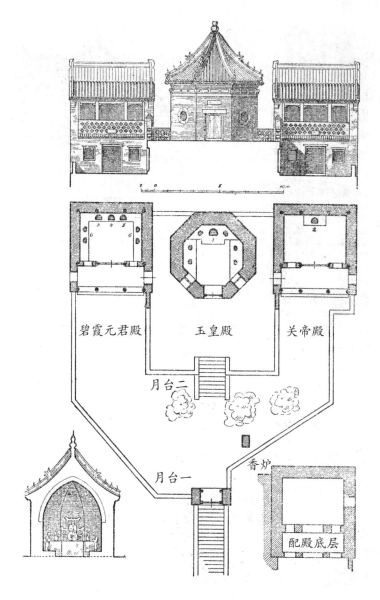

碧霞元君殿　　　玉皇殿　　　关帝殿

月台二

香炉

月台一

玉皇殿横剖面

配殿底层

图 72. 山东济南府黄河边标山上的玉皇庙。殿内的记号表示神像。比例尺为 1：300

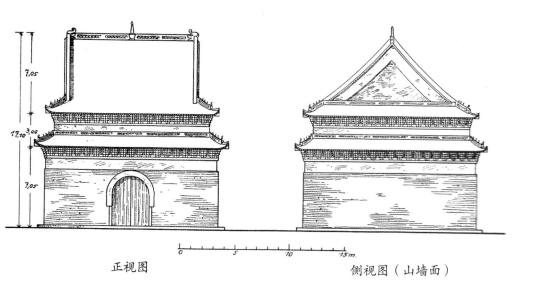

正视图　　　　　　　　　　　　侧视图（山墙面）

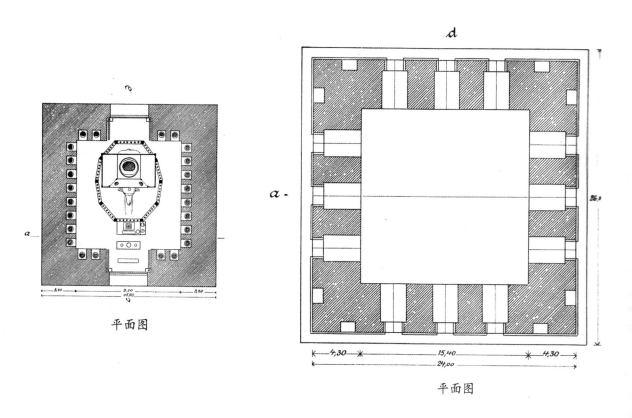

平面图　　　　　　　　　　　　　　平面图

图73. 四川峨眉山万年寺内无梁殿的平面图及其他视图。约建于1600年，内有铜像

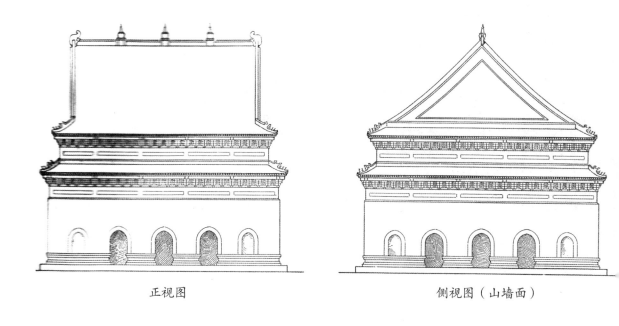

正视图　　　　　　　　　　　　　　侧视图（山墙面）

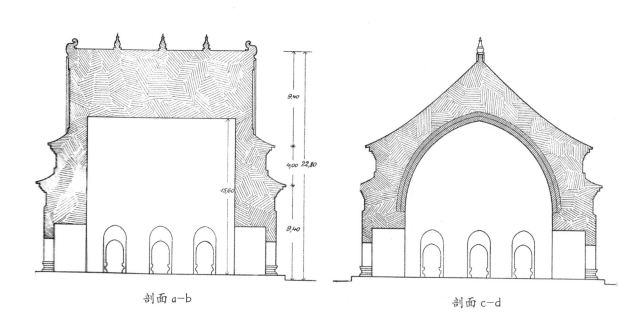

剖面 a-b　　　　　　　　　　　　　　剖面 c-d

图 74. 北京西山无梁殿的正视图、侧视图及剖面图

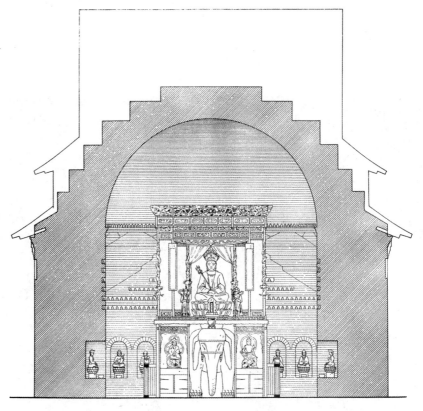

剖面 a-b：普贤菩萨及白象坐骑

图 75. 四川峨眉山无梁殿的剖面图

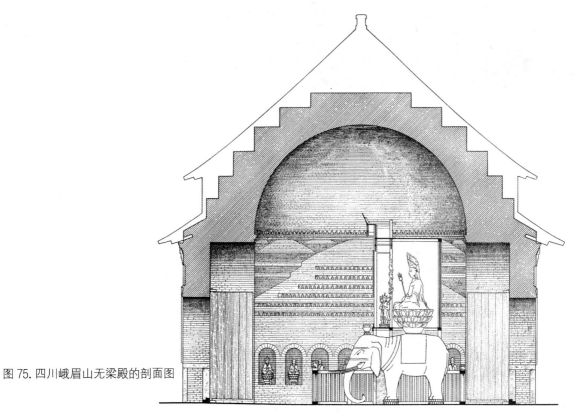

剖面 c-d：铜像

图 76. 四川峨眉山无梁殿内的拱券

图 77. 北京十三陵长陵明楼内的筒拱。陵墓主人为永乐皇帝，又称明成祖，逝世于 1424 年

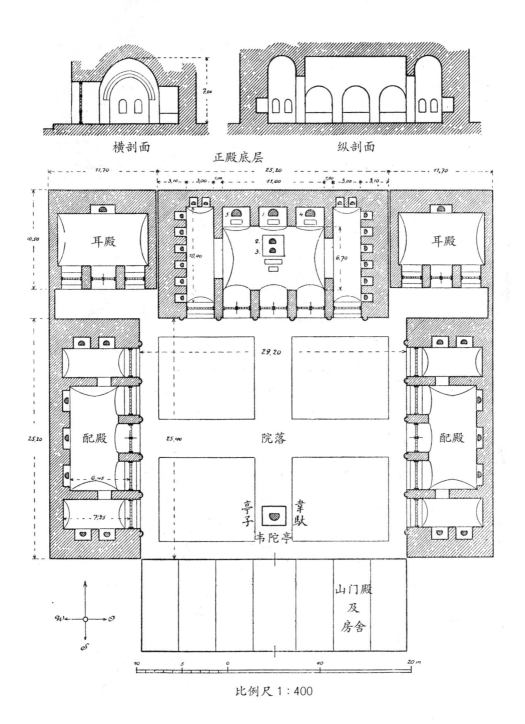

横剖面　　　　　　　纵剖面

正殿底层

耳殿　　　　　　　　　　　　耳殿

配殿　　　　院落　　　　配殿

亭子　韦陀

韦陀亭

山门殿及房舍

比例尺 1 : 400

图 78. 山西太原府的永乐寺。该寺位于双塔寺旁，寺中建筑采用砖券结构。比例尺为 1 : 400

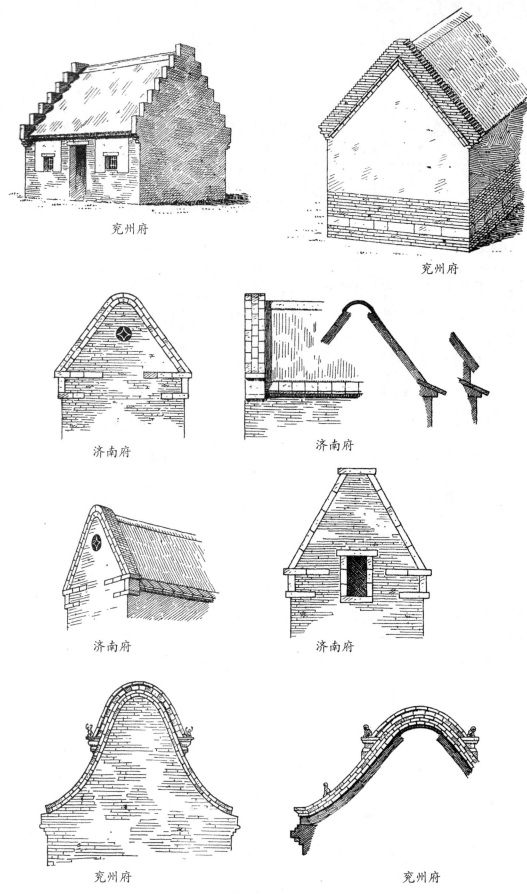

兖州府

兖州府

济南府

济南府

济南府

济南府

兖州府

兖州府

图 79. 山东境内黄河与京杭大运河交汇地带住宅和仓库两端的砖砌山墙

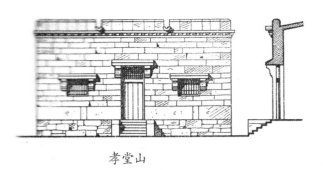

孝堂山

土山集（嘉祥县）仓库

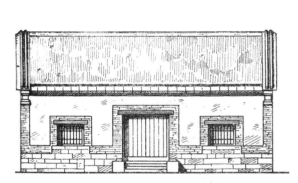

济南府 客栈

开封府（河南）用于储物的楼房

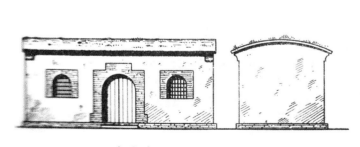

东平州

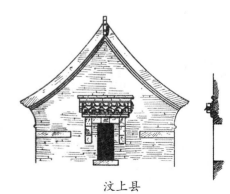

汶上县

图 80. 山东、河南境内黄河与京杭大运河交汇地带住宅和仓库两端的砖砌山墙

图 81. 山西太原府北的十方院

图 82. 山西太原府南部的民宅

图 83. 直隶定州高门村的民宅

图 84. 直隶定州高门村的民宅

图 85. 陕西西安府华阴庙旁的民宅。砖房立面饰有墙墩

图 86. 陕西西安府华阴庙旁的民宅。砖房立面饰有墙墩

图 87. 陕西西安府的民宅

图 88. 陕西西安府华阴庙旁路边的庵庙

土山集（嘉祥县）

开封府

土山集

开封府

开封府

土山集

开封府

墙面

楣饰

图 89. 河南、山东境内黄河与京杭大运河交汇地带的砖建筑

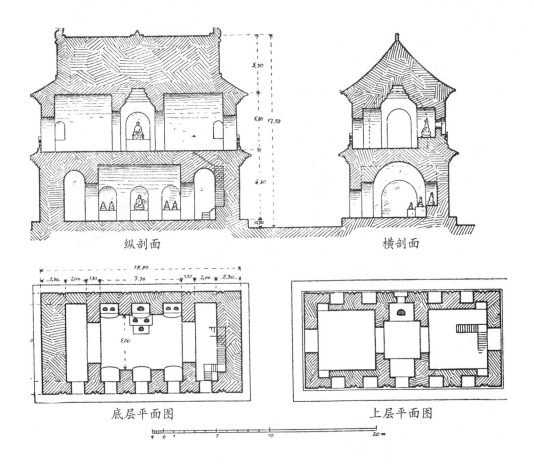

纵剖面　　　　　　　　　　　　横剖面

底层平面图　　　　　　　　上层平面图

图 90. 江苏苏州府的无梁殿。此殿共两层，上层明间佛殿采用穹隆结构。比例尺为 1:400

图91. 山东兖州府的砖房

图92. 山东东平州的砖房住宅

图 93. 山东东平州的二层砖房住宅

图 94. 山东崂山太清宫的石屋

嘉祥县　　　　　山西南部　　　　　山西南部

河南　　　　　　东平州　　　　　东平州双塔

河南　　　　　　开封府　　　　　东平州

东平州双塔　　　　　　　河南

剖面　　　　　　曲阜县 城墙

图 95—图 96. 仓库、城墙、城门、村庄、田庄，分别出自山东嘉祥、东平州、曲阜和河南开封府

图 97. 山东济宁州的砖楼

图 98. 山东汶上县的砖楼

图 99. 山西五台山显通寺的砖建筑

图 100. 山西蒲州府的砖建筑

图 101. 山东汶上县田庄边的砖建筑

图 102. 山东济宁州嘉祥县土山集路边的庵庙

图 103. 山西汾州府建有双楼等防御性设施的庙观

图 104. 山西汾州府建有双楼等防御性设施的庙观

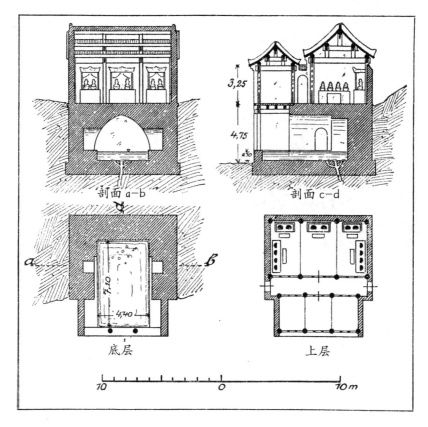

剖面 a-b

剖面 c-d

底层

上层

图 105. 陕西西安府东部的临潼御汤（华清池）。其上设佛殿，下为温泉。比例尺为 1∶300

图 106. 山西太原府南十方院的二层楼阁式的拱券结构建筑。此建筑内部为筒拱结构

图 107. 山西太原府双塔寺的无梁殿

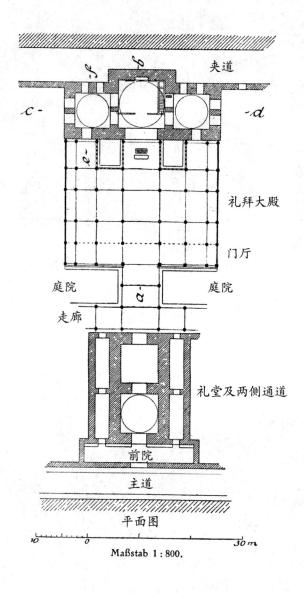

图 108. 浙江杭州礼拜寺（凤凰寺）的平面图。该寺为穹隆结构。比例尺为 1∶800

图 109. 北京西山的无梁殿。该殿为拱券结构建筑，约建于 1750 年，所属寺院^①已毁

图 110. 山西五台山显通寺内的二层无梁殿。该殿为中印风格的拱券结构建筑，约建于 1600 年

---

① 即宝相寺。

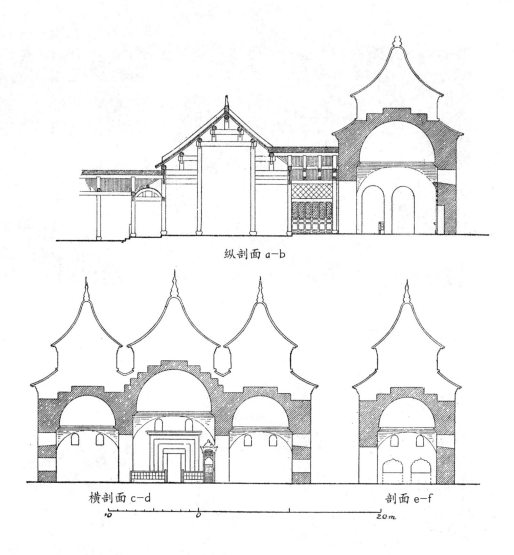

纵剖面 a–b

横剖面 c–d   剖面 e–f

图 111. 浙江杭州礼拜寺（凤凰寺）的剖面图。该寺为穹隆结构。比例尺为 1:400

图 112. 北京西山以碎石垒筑的藏式碉楼。该楼周围附有石围墙

图 113. 直隶热河的小布达拉宫。其为多层建筑，建于 1767—1771 年

图 114. 直隶热河的须弥福寿之庙。也叫班禅行宫，为多层建筑，建于 1780 年。墙面辟有多排窗户，楣上饰有彩色琉璃窗檐

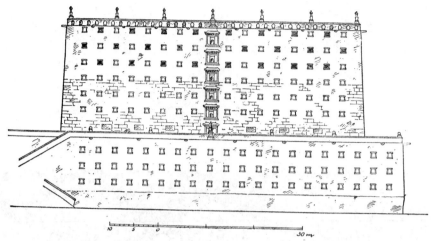

台基及主建筑正视图，比例尺 1：800

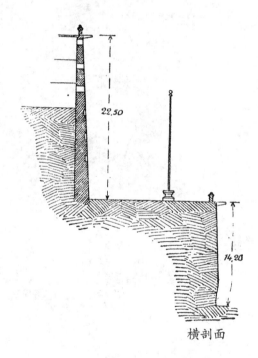

22,50

14,20

横剖面

图115. 直隶热河避暑山庄外，小布达拉宫主建筑（ 大红台 ）的正视图。其为藏式风格，
仿照拉萨布达拉宫而建

第五章

亭子①

---

① 第五章"亭子"还可参见:《中国建筑与风景》第 31 页、第 67 页、第 101 页、第 104—107 页、第
136 页、第 143 页、第 175 页、第 214 页、第 272 页,《普陀山》第 22 页、第 25 页、第 26 页,《中
国祠堂》第 9 页、第 22 页、第 37 页、第 48 页、第 54 页、第 57 页、第 59 页、第 60—62 页、第 88 页、
第 94 页、第 106 页、第 159 页、第 167 页、第 194 页、第 196 页。亭子式样与祠堂相关的例子不
胜枚举,证明了亭的理念与中国古代的道教思想关系密切。——原注

数百年来，随着大量来自中国的绘画，以及陶瓷、木石雕刻、嵌饰、金属制品等工艺品流入欧洲，其中不断出现的中国亭子的形象或已超越其"另一种中国建筑"的身份，为我们欧洲人所熟知。中国的亭子被复制到了欧洲许多地方，尤其是花园里。其独特的造型在我们眼中是那么新奇，从而激起了人们模仿的欲望。不过究其缘由，显然因为与我们的任何一种建筑式样相比，亭子似乎更能融入自然环境和我们的花园景观，并营造出我们期望的舒适感觉。然而，最终欧洲未能较大范围地兴建亭子，其原因可能在于它的异域式样终究过于奇特，无法按照我们的理解改造定型，并彻底融入本土建筑景观。这种局面恰恰证明了该建筑自身的生命力，也解释了亭子是如何在中国建筑图景中获得一席之地，并受人青睐的。事实上，亭子遍布中国各地，造型式样也不计其数，本书图片所选的几例仅为冰山一角。

与所有其他高度成熟的建筑类似，亭子别致外形的产生自然也建立在中国人对它的立意和用途的心理预设之上。这种心理预设讲求天人合一，它是中国人的性格所在，也是各种艺术造型的创作源泉。在中国，脱离纷繁喧嚣的生活，逃入与世隔绝的自然之中，历来便是达成精神宁静专注的标志。思想家、诗人、虔诚的隐士，甚至功成名就的政治家，均会归隐于偏僻的山林、谷地、寺庙和洞穴之中。他们在那里结庐而居，与自然相伴。诗人、哲学家的茅屋与亭子通过文学作品闻名于世。他们任职、出生的地方，或者他们的祠堂中也建有实体建筑，且历经数百年风雨保存至今。此类亭子可见于四川境内为纪念大诗人李白和杜甫而设的祠堂中，还有数量众多的分布于济南府著名的大明湖、杭州郊外的西湖，以及偏远的凤翔府边缘的东湖公园内。园中小屋本因实际需要而产生，通过那些历史上的范例形象这一概念得以完善，进而上升为精神层面的需求，并以格外亲切且富有感染力的种种式样呈现出来。它们既应该显得舒适惬意——对此连我们也可感知一二，也要体现出与自然之间的内在联系。与单单理解建筑式样相比，这种理念诠释了更为丰富的内容。一个著名例证便是宋代政治家、文学家司马光对其宅园所作的描绘。他在其中记述了园中秀丽宜人的景色是如何为他带来宁静，让他重新焕发创作的力量的 [1]。于是，亭子常常是中国宅园的重要组成部分。园子的主人置身其中，可以沉浸于生活本身的纯粹乐趣，尽享自然山水之乐。在寺庙

---

[1] 指司马光为描绘他在洛阳的宅园所作的《独乐园记》。司马光的史学巨著《资治通鉴》正是在独乐园编纂而成。

园林中，亭子也是必不可少的，尤其在表现与历史名人或神话人物渊源的时候。位于秦岭山区的庙台子，即留侯张良的祠堂，便是一例。另外，在皇家避暑胜地一类的大型园林中，亭子同样不可或缺。那里的亭子数不胜数，形态各异，上面还题有优美的诗文以示颂扬。最后，在济南府郊外的荷花池等一众自然休闲场所的影响下，位于城郊、大型宗教场所以及名山等朝圣地的园林里，一些饭店和茶楼也纷纷建立供人休憩、提神、赏景的亭子。有的甚至在亭内石桌面上雕刻出深受大众欢迎的经典象棋棋盘，以此暗指历史或神话中的英雄人物和事件。

很快，这一受人喜爱的建筑式样成为大量建筑设施中一个纯粹的建筑构成，以便起到以建筑突出自然景点的效果。无论是桥梁——尤其是中国中部和南方拱桥上升起的平台、山丘圆顶、丘陵和山巅，还是乡村小路或城镇街道旁、河岸和湖畔的适宜地点，甚至是平原上一些看似突兀、实则满足某种条件的地带，皆可借由这些轻盈的建筑物变得更为醒目。亭子常常作为蜿蜒的长廊、长长的阶梯——比如泰山壮丽的台阶石道，或是朝圣道路及园林各区域之间的隔断点，只为在建筑结构上起到画龙点睛的作用。在寺庙院落，尤其是宗族祠堂中，也有亭子立于院子中心或厅堂前部。文官武将乃至王侯公爵视察军队、举行考试时，或其他室外集会活动的船埠、码头和露天平台上，亦可设亭。此种情形下，它们作为固定建筑物取代了帐篷。帐篷是为临时的目的而搭建。时至今日，那些在石台上、祭天和祭农的祭坛上举行的大型祭祀活动中，临时帐篷依然作为仪式组成的一部分而存在。

这种功用已属宗教思想体系的范畴。它进一步衍生出公共场所的亭类建筑的另一种重要功用，即作为向神仙或神化英雄祈愿的场所。人们将某些神明与天界相联系，并倾向于在这种通透的建筑内尊奉他们。这些神明有掌管文运之神——魁星或文昌星，还有八仙之一的吕洞宾——他被人们描绘成骑着仙鹤的道者形象。有时还有老子，他本身就是极其丰富的想象力与魂灵升天得道的象征。此外，北京皇宫北端的景山五峰上有五座亭子，代表着在中国具有重要地位的神圣数字"五"；北京市郊的碧云寺内有一座碑亭，其圆顶叠加在八角顶之上，用来表示上天下地，以可视的形式呈现对想象中宇宙图景的整体表现。这些例证都含有宗教哲学的寓意。

亭子的最后一种，也是最重要的一种用途，便是碑石的存纳之处。中国的纪念性铭文种类众多，形式各异，可以写在纸张或丝绸上，做成木刻，塑成陶器，铸为金属，刻于石碑，甚至雕凿在岩石表面。为与它们的基本价值相符，存放或立有此种碑文的建筑也被塑造得精巧绝伦，美不胜收。其式样既有朴实无华的，也有构造极尽繁复的。在规模较大的寺庙中，尤其是古寺古庙，诸如各地神圣名山中的寺庙以及曲阜和北京等处的著名孔庙，有大量此种碑亭建于不同院落之中。历朝历代以及一些皇帝都热衷于树碑立传，其文通常为鸿篇巨制，辞藻极尽优美，雕工十分精细，且大多是重要的历史文献。在一些品位尚佳、威仪显赫的时代，同一寺庙的碑亭还会建成大体相同的风格，以保持碑石的统一雄伟之势。碑亭这一建筑式样的最高形制，应属辽阔的皇陵内为容纳已逝皇帝的功德碑和庙谥碑而设的建筑物。这些碑楼尽管按照亭子的风格而建，但因形制巍峨，已被中国人称为楼。其一位于紧凑的陵墓建筑起始之处；另一座位于坟陵土丘之前、巨大的拱顶地宫之上，并因此成为一座真正的楼阁[1]。

以上简短阐述了亭子的用途，它的式样从最简单的造型到最复杂的结构一应俱全，之后还发展出独特的楼阁式样。亭子最初的形式为方形基座、四角攒尖顶，接着发展为八角或圆形平面、单檐或两重檐，最后直到三重檐的坚固建筑。北京景山中央较大的亭子就属于这一类型，其平面为方形。亭子的发展历程中，还出现了层数相对较低的组合式样，例如上海著名的茶楼[2]；后来逐渐形成更加高耸雄伟的多层亭子，通常用于供奉文运之神，例如桂林府的文昌阁。在这种类型中，南方极为生动的屋檐曲线体现得淋漓尽致。

还有另一种完全不同的式样，其方形平面上使用的不是攒尖顶，而是歇山顶。在这些建筑中，中国南方地带的匠师特别醉心于塑造起翘显著，但又不失优雅、纤巧至极的屋檐线条。那里流行的柱、额枋之间的三角形雀替[3]，以及丰富多彩的用色，都使得建筑物异常妩媚秀美。诸如灌县二王庙[4]内的双层构造就赋予了建筑物理想中的高耸通透之感。而在类似的北方楼阁中，即使下部建筑镂空较多，或者枋架线脚几乎完全被轻巧的托架所化解，楼体仍然显得厚重肃穆。

亭子的形制继续演进，出现了类似湖南南岳庙中的巨型建筑。其不仅稳固坚实，带有回廊和重檐，还有双层的钟楼和鼓楼。它们一般立于寺庙大门附近的中轴线两侧，

---

[1] 此处分别指圣德神功碑楼，俗称大碑楼、方城明楼。
[2] 指豫园外荷花池上九曲桥中心的湖心亭。
[3] 雀替，中国古建筑构件之一，又称"插角"或"托木"，指置于梁枋下与立柱相交的短木。主要是为了减少梁与柱相接处的向下剪力，防止横竖构材间的角度倾斜。
[4] 灌县，即四川今都江堰市。二王庙是祭祀李冰及其子二郎的庙宇，清代《灌县志》中称其为二郎庙。

并已步入双层厅堂建筑之列。另一些建筑属于亭子的分支，虽然以楼阁相称，但因其形式上的起源，仍可划归为亭子。其一便是气势磅礴的名楼黄鹤楼，而鹤正是老子眼中的仙鸟。黄鹤楼为折角十字平面，檐部出厦，共分三层，矗立于武昌长江边的高岸上，身在远处仍可望见这一地标。另一处则是北京郊外颐和园内，作为中轴线上一大坐标，统摄整个园区内花园、湖泊和大大小小建筑群的巨型八角楼阁^①。它基座高耸，体量巨大，倚靠山坡，一部分随山而建。这座四层楼阁平面为八角形，攒尖顶中心为一颗硕大的宝顶，像佛塔一样。虽然这座楼阁有佛教上的功用，内部藏有大型佛像，但也无法否认它发源于中国古代亭子的建筑式样。因此，也应在该式样类型的框架下对其进行研究。这座楼阁重建于 19 世纪 80 年代慈禧太后重修颐和园之时。也许在它之前，同一地点并无原始建筑。^② 由此更应赞叹其修建的精美、设计的雄浑和布局的绝妙，特别是最后一点，人们没有把这座庞然大物建于山巅，而是安排在略低的山坡上。现在，顶部宏伟的厅堂建筑坐落在中轴线末端，而不是至高点，这就缓和了楼阁的视觉冲击力，避免了环境的压抑感，从而将建筑与气势成功结合在一起。此外，湖边围墙一望无际的水平轮廓与高高矗立的楼阁形成一个安宁静谧的整体，堪称美学上的杰作。

---

① 即佛香阁。
② 清朝乾隆时期在此已建有佛塔。

图 116. 山东济南府大明湖的水心亭

图 117. 山东济南府湖畔的碑亭

图 118. 山东济南府的碑亭　　　　　　　　　　　　　图 119. 湖南衡山脚下南岳庙内的碑亭

图 120. 北京颐和园内一条立柱长廊中部的亭子　　　　图 121. 热河殊像寺内的钟楼

图 122. 上海湖心亭的茶楼

图 123. 广西桂林府福州会馆前广场东南角上的文昌阁

图 124. 北京景山上五座亭子中的三座

图 125. 北京碧云寺内的碑亭。该亭为八角顶上置圆顶

图 126. 浙江杭州西湖边的船埠。此船埠为带顶平台 ①。从该亭两侧均能看到水中相隔不远的三座灯塔中的两座。它们构成了西湖十大美景之一的 "三潭映月"

① 即榭。

图 127. 湖南长沙府对面岳麓山上的观景台——阅台 [1]

———————————————

[1] 即赫曦台。朱熹曾到岳麓书院讲学，常登麓山观日出，并称岳麓山顶为"赫曦"，此台因此得名。

图 128. 湖南长沙府席氏祠堂中的拜亭　　　　图 129. 四川长江边石宝寨山顶庙观中的拜亭

图 130. 陕西秦岭庙台子（张良庙）
内的石质圆亭

图 131. 四川灌县二王庙内用于供
奉的亭子[1]

①即魁星阁。

图 133. 明十三陵长陵的碑亭或碑楼

图 132. 山东邹县孟庙内的碑亭

图 134. 湖北武昌府的亭式楼
阁——黄鹤楼

图 135. 北京颐和园万寿山上的亭式建筑——佛香阁

第六章

楼阁

亭子的形式继续演进，出现了明显向高处发展的趋势，主要体现在层数增加和用于供奉神像两个方面。人们之所以建造高层建筑物，是因为它们优于似庞然大物般的建筑，既可作为城市或自然环境中的地标，也可为八方来客和附近居民提供精神寄托——与我们的教堂有异曲同工之妙。这种需求极为普遍，在中国自然也一直存在。此外，这里还涉及权力的表达。统治者要求在他们的住所和都城体现威仪，而矗立的高台楼阁恰恰适合作为权力的象征。很久以前，中国便有类似的高大建筑物存在，文献中也有很多记载。早在公元前 1150 年左右，便有文字提及黄河中游有一座此类楼台；公元前 500 年左右，出现了长江下游的另一座高台的记载；同一时期，老子在《道德经》的一章中提到了一种具有九层平台的雄伟建筑[1]。此类说明均有明确的史料记载。公元后最初的几个世纪，在洛阳附近曾存在一座巨大的九层木制高楼，后来毁于一场大火。它已属于佛塔范畴，因为佛塔通常体量较大。尽管如此，它的木结构却显示出中国古代建筑的特征。那些楼阁是何样貌，目前尚不清楚。但可以推测，它们与上一章节结尾提到的武昌黄鹤楼和北京颐和园的楼阁类似。直到佛塔出现，楼阁建筑才趋于完美，本书的最后一章将对佛塔进行具体介绍。

这里列举的几座楼阁，普遍特征是上部为以木为主的多层结构，下部基座巨大坚固，且设有拱形通道。楼阁的构想与城门紧密相关。它的出现并非自起炉灶，显然与城门建筑有着亲缘关系，毫无疑问，大多数的确属于这一范畴。之所以被列为楼阁是因为它们通常为明显的方形对称造型，只有这一表达与之相符。归根结底，或许是由于此类建筑成果不足，所以无法创造出真正宏伟且自成一派的建筑物。直到宝塔理念的诞生，楼阁建筑才得以成型。宝塔的概念虽然源自印度，却在中国发展出最为高贵奢华的造型。

楼阁的演化历程与亭子近似，由方形或八角形台基、单檐或两重檐攒尖顶发展到三重檐屋顶，以及在墙体周围设置回廊以突显独立楼层的结构。还有在建筑顶部加上起翘生动的镂空冠顶的奇特变形，例如四川成都府一个乡村里的建筑。另外，也出现了厚重、庞大而又庄严的楼阁，例如山西霍州的钟楼。在山西，早期古老雄浑的建筑风格似乎仍存续着生命力。山西以及邻省陕西和河南拥有中国最悠久的文化，且存有大量历史遗迹，部分遗迹所属年代至今仍无法判定。西安府以及距其不远的咸阳县内

---

① 即"九层之台，起于累土"。

的鼓楼巍峨雄壮，堪称楼阁造型的成熟之作。无论是形式、建筑结构上，还是美学上，它们都将厚重的下部基座与精心打造的上部建筑结合得天衣无缝，那极其特别的等轴对称攒尖顶形式清晰地突显出建筑物的楼阁特点。西安府的楼阁尤为如此，尽管柱子并非等距分布，其整体仍保持着雄伟的轮廓。这些钟楼和鼓楼是为城市内放置大钟和巨鼓而设。在大型城市里，它们总是成对出现，通常占据城市最中心的位置。钟鼓楼与城门、城楼一样，也是一座城市的重要标志，造型规格也与之相同。它们的相似性常常体现为歇山顶的使用。这种气势雄伟的屋顶式样被用在了中国殿堂建筑之中。中国地位最显赫的楼阁建筑——北京的钟楼和鼓楼，也使用了这种屋顶形式。

这两座建筑物雄奇壮观，相距不远，矗立于一望无际的低矮建筑群之中。它们初建于 1272 年（蒙古人营建北京之时）[①]，当时位于城市中心，比今天的建筑略显偏北，建筑式样必然也不同于现在。有证据表明，钟楼于 15 世纪初（永乐年间）在老广场附近重建，后毁于火灾，又于 1745 年（乾隆年间）彻底重修。因此，现在的造型大体与明代式样相符。钟楼坐落在一座宽广院落的中心，四周环绕着低矮的围墙，院子为以对角线为轴的正方形，但由于四角被大幅度抹平，因而呈现为八边形。东南西北四条边上均开有大门，其中南面的三楹门宇保存完好。穿过大门沿坡而上可达真正楼身的下方城台。底层建筑浑厚坚实，券门内部隐藏着通往上层平台的阶梯，城台四面有城垛，从这里可由两条双臂式台阶到达主楼基座，基座四周环绕着制作精美的大理石栏杆。上层主楼为木构架，外表看上去却像砖石建筑那样完全被墙体覆盖，这与第四章提到的一些无梁殿完全相同。高耸的双坡顶加上高挑的山花，以及下方环绕一圈的单坡屋檐都与无梁殿的屋顶式样一致，显然带有明代风格。墙体向上延伸的斜坡与设计周密的阶梯状的建筑分布、轮廓共同打造出一个极为雍容和谐的建筑整体。最终，两个栩栩如生的龙首装饰之间采用平顺的正脊为整座建筑收尾。

相邻的鼓楼则更加宏伟，其城台倾斜坡度较大，墙体坚固，券门清晰可见，或许它们还是 13 世纪末（元朝时期）的原始墙体。甚至还有可能，上方包括立柱、枋木和屋顶在内的木结构同样是初建时期的，或许大部分建筑材料在明代时得以翻新，然而那些建筑样式可能在修整期间完整地保留了下来。总而言之，鼓楼是元代建筑艺术的重要史料。当时建在庞大城台上的厅堂式样仍是单层的形式，但是已经使用重檐屋

---

① 1267 年，忽必烈开始营造新都城。

顶。显而易见，这种式样为后来的城楼，特别是北京城楼，提供了原型。正如第一章所介绍的那样，它们已发展出成熟的建筑方式——楼身为双层，但屋顶仍为两重檐。重檐这一式样是为了彰显庄严盛大，看来这一形制早在元代便已确立。鼓楼周围也有与钟楼类似的栏杆，且鼓楼也处于院落中。它的各个部位同样极其华美精致，但也为了整体上更为宏大的效果进行了相应调适。与其他楼阁相比，此类大型建筑更加证明了中国人在设计他们所需要的高大楼阁时，缺乏自主创新的能力，主要依赖于融合多种建筑形式的方法，即把厅堂和砖石基座合为一体。在楼阁建造中，他们故步自封，停滞不前，纯砖石建筑也表现出类似的情况。直到佛教出现，才给这两个领域指明了新的发展方向。

图 136. 山东一座县城的魁星阁　　　　图 137. 湖北宜昌府的文昌阁

图 138. 陕西汉中府周边村庄的城楼

图 139. 山西霍州的钟楼

图 140. 陕西汉中府的钟楼

图 141. 四川成都府周边村庄的城楼

图 142. 山东济宁州的城楼

图 143. 直隶天津的城楼

图 144. 陕西咸阳县的城楼

图 145. 陕西西安府的鼓楼

图 146. 北京的钟楼和鼓楼

图 147. 北京钟楼的南视图

第七章

中线对称建筑

中线对称建筑的理念与中国的厅堂式样完全对立，厅堂的平面面宽较长、进深多间，而形态迥异的亭子以及筑于实体台基之上的楼阁已在某种程度上体现了中线对称建筑的概念。不过，前两章述及的那些建筑由于规模较小，或用途有限——例如置放钟鼓或供奉某些低等神祇，不能算作真正的中线对称建筑。它们也不具备突出的、独立的地位，只有较大的住宅或寺庙建筑群中的绝对至高点才能做到这一点。更重要的是，它们并不符合这种建筑的决定性特征，即具有大面积的内部空间可供举行重要的宗教仪式或大型团体的集会活动。这对建筑的外部造型产生了决定性影响，因此可以通过外观轻易识别。如果只是把那些较小型的或者楼阁一类孤立的建筑看作真正的中线对称建筑的前身，那么从另一个角度来说此类建筑的特征便与大型建筑群中的建筑及院落相关。正是由于周边建筑的存在，才使得中线对称建筑高耸的形象突显出来，并作为无可置疑的主建筑从一片房屋中脱颖而出。由此可见，可观的规模为其先决条件，尽管有时一些较小型的建筑物也被归为此类，而不是算作亭子。

单从形式上看，最简单的中线对称建筑与它的原型——亭类建筑，似乎并无本质区别。单檐或重檐攒尖顶的方形中心建筑，例如皇宫中皇帝接受朝拜的中和殿，或是北京国子监内的殿堂建筑——辟雍殿，基本上与亭子并无二致，只是规模更大。这两座殿的面宽、进深均为三间，中间的一间宽于两侧。如此一来，九块空间的中心便形成一个较大的方形区域，外部以攒尖屋顶的宝顶加以突出，内部则放有最为神圣的高台宝座。四周环以回廊，其深度比狭窄的次间还要小，六根细长的柱子将底层正立面划分为精心计算过、宽度不等的五个区域。布局极为相似的还有热河小布达拉宫中央的大殿。只有这座主殿的面宽、进深均为同等宽度的五间，它的平面图才能呈现二十五间，每个立面的视图上均有五条轴线。环绕的狭窄走廊使得主殿整体在视觉上的呈现间数为七。由于减掉了最中心的四根柱子，内部空间的中央区域显得更加空旷而庄重，其顶部覆有由八角形和正方形组成的中心藻井，其外部再次通过重檐上的宝顶加以明显的强调。小布达拉宫大殿的柱间距匀称紧凑，柱径相对较粗，因而整体显得尤为美观，这与古希腊的审美情趣相近。

圆形的亭子则演化出了雄伟壮观、最令人惊叹的圆形大殿造型，不过奇怪的是仅在中国北方出现了零星几例。其中有一些规模特别小，例如北京先农坛内的小型圆形建筑（参见 152 页，图 161—图 164）。它为收贮之所，内部空间封闭，所以不计入亭子类型。除此以外，只有四座为人熟知的圆形大殿。它们都不带回廊，完全封闭，下设雕工繁复的巨大台基，屋顶尖端封以宝顶。在北京天坛皇穹宇的单檐基础上，产生了位于北京郊区南苑及热河的两座殿堂[①]上的两重檐，并最终发展为祈年殿中的三重檐。这座壮观恢宏的大殿同样坐落于天坛。天坛祈年殿是中国古代祭礼中最高规格的建筑。这些建筑物不仅都处在特别著名的祭祀地点，而且修建得相当富丽堂皇，纹饰和彩画复杂多样，屋顶为蓝色琉璃瓦，配以鎏金宝顶。如果说有一种中国殿堂的式样让人不禁将其与帐篷做比较，并把帐篷视作其弧形屋顶的起源，那么这种建筑一定就是圆殿。在皇穹宇（参见 142—143 页，图 150—图 151）上，这种类比似乎通过并列的一行满文题字得以印证，其意为"天穹之帐"[②]。至于它确实指明了源头，还是只是偶然指出这一建筑与蒙古包的相似之处，我们不得不暂且搁置讨论。实际上，该建筑被用来存放立有历代皇帝牌位（神位）的祭坛，且必须建为圆形。因为圆代表天，属阳，与之相对的是地，地为方，属阴。出于同样的原因，天坛内三重檐的祈年殿也被建造成圆殿。根据这一思想，北京城郊南苑的元极殿也与天的概念相关，且同样是圆形造型，不过它的具体功用还未可知。这些大殿全部筑有台基，其平台数与大殿屋顶的檐数相同，且一、二、三层台基总是叠加在一起出现。

　　虽然在此无法进一步探讨这些建筑物所蕴含的象征意义，但可以指出的是中国古代思想已接纳了佛教，并与之相融。这一点尤为清晰地体现在热河普乐寺的圆殿上。寺内的重檐中式圆殿虽然也有两层台基，形状却是方形。下层台砌有雉堞，上层台则围有常见的精美大理石栏杆。底层平台上按东西南北的方位设有八座小型的瓶状琉璃塔，本书最后介绍宝塔的一章将对其予以详述。"上圆下方"在中国古代的世界观里意味着天在地之上，即代表了宇宙的整体。而从另一角度来看，八座宝塔拱卫着中心至高无上的建筑，也象征着至尊之数"九"，一如地分为"九州"，宇宙分为"九天"。中国古代观念与后来传入的佛教教义在此产生了明显碰撞。为体现后者，回廊形殿柱及四门围成的空间中央置有一整座象征须弥山的建筑。其造型为印度式样，不过更偏向于藏传佛教风格。内部正中设有四面辟门的佛坛以突出教义的中心思想。佛坛上方为环绕的格状天花以及美轮美奂的斗拱穹顶，一颗衔于龙口的宝珠从中间垂下。这种

[①] 分别指北京南苑小红门内元灵宫中的元极殿和承德普乐寺的主体建筑旭光阁。南苑为皇家园林，元灵宫是顺治年间建立的皇家御用道观，民国初年被奉军拆毁。

[②] 原词为"游牧民族的圆顶帐篷、蒙古包"。

纯中式的天地结合的早期式样在介绍碧云寺八角碑亭（参见 118 页，图 125）时曾简略提及。据说早在公元前一两千年，这种式样便出现在具有象征含义的建筑物中。北京城郊的大钟寺也是一例。寺内大钟楼的上层为圆形，下层为方形，这无疑展示出了一种十分古老的中国建筑式样。

中线对称建筑的大殿向多层建筑物的发展同样得益于藏传佛教所带来的建筑思想。第一个例证即为第三章描述过的北京雍和宫内的多层大殿。它同时也是普通中国殿堂式样分化出的一种类型。建筑内竖立着一尊约 20 米高的巨大佛像。如此特别的建筑规划也需采用特殊的形式。尽管如此，大殿基本仍符合中国古代的造型特点。而热河雄伟壮观的喇嘛寺庙群则有所不同，本书已简要介绍过其中的小布达拉宫的单层大殿，以及普乐寺的圆形建筑。其中最典型、最完美的轴对称中央建筑当属"班禅行宫"[①]的三层方形大殿[②]。这座建筑位于一座窄小院落的中心，四周环绕着三层回廊式群楼，与小布达拉宫格局相同，只是那座院落中心的绮丽大殿为单层建筑。群楼上方四角各建有一座亭，整体来看构成了和谐的数字"五"，局部来看大殿四角的香炉也有异曲同工之妙。这座大殿类似于小布达拉宫内的对应建筑，被规划为五间乘五间等宽的中央核心区域以及较窄的回廊，不过廊子的一部分被纳入中心区域。底层只有正面廊子外露，二层外部无廊，到了三层，廊道再次出现，不过背面仍有一部分改为放置佛龛之处。殿内中心的四根柱子同样略去，空间因此变得开阔，直通天花，平铺的格状天花覆于第四层的夹层之上。殿内的主佛坛并未设在中心区域，而是在整体建筑群中轴线的末端。不过顺着以窄梯相连的不同楼层可以很方便地进行顺时针环绕中央佛像的礼佛仪式。大殿与群楼四角建筑的屋顶装饰都极富特色。在第九章中还将展示一些这方面的图片。

"班禅行宫"中央大殿的屋顶为重檐方形攒尖顶。这一简单形式在热河小布达拉宫中得到了成功发展。此处平面为方形，面宽七间，进深五间，因深度上减去两排柱列而使得宽度大体相同，巨大的中心区域共由八根柱子围成，其中竖有巨佛立像，同样高约 20 米，直达格状天花平顶。建筑物外观四层，层高不等，内部最上方还有第五层为窗棂层。神圣和煦的光线从此高处射入，照亮了上部空间，映照在佛像头部，

---

① 即须弥福寿之庙。该庙是乾隆皇帝七十大寿时，为迎接前来贺寿的六世班禅而建。
② 即妙高庄严殿。

而在大部分情况下，佛像总是被笼罩在昏暗之中。此外，人们还筑造了一个形式独特的屋顶——一个名副其实的结尾，来搭配这座大殿构思合理、精心打造的结构设计。人们通过自然的几何均分，在长方形上修建出一座被四个角楼拱卫、较为高大的中心塔楼。它比较矮的那四座高出一层，同时又与它们合为一体。它们的屋顶作为中心建筑延伸出的单坡顶与塔楼一起构成了水平面上的一个整体。此外，塔楼下方还有两个檐坡——它们遮蔽着呈阶梯状的上部楼层。这四层屋檐层层相叠，共同构筑出一个极富感染力的上层结构，非常直观地描绘出楼阁的特点以及中线对称建筑的理念。

　　热河是各类建筑古迹的宝库，在藏传佛教建筑中，随处可见中国古代建筑式样的延续。伊犁庙[①]的大殿虽然是发展成熟的中线对称建筑，但在正方形平面上，又采用了中国式元素——歇山顶，同时整个结构和外部建筑又保留了中线对称建筑的特点。除了北京与热河那些不可超越的宏伟圆殿，伊犁庙主殿或许是该类型中最为瑰丽的一座。它代表着多重含义。此建筑为明显的中式横殿与砖石台基的混合体，尤其体现了中国厅堂结构与四层空筒式内部空间的相互渗透；供奉的主佛像，即坐佛，虽然在高耸的中部区域占据中心地位，但稍向建筑中轴线的北边偏移；此外，还可以如前所述，沿着三层回廊向右环绕佛像。穿透楼层的中部空井之上为中央藻井，其造型通过方形、八角形，直至圆形的交替与叠套而形成，纷繁的格状天花与木雕装饰在垂于天顶的宝珠雕塑中达到极致。这一中心点在外观上则由正脊正中的较高尖塔加以强调，而正脊因与整座庙宇建筑中轴线的横向垂直，又将延迟法[②]的静态节律带入了整个构图之中。在这座建筑中，中国厅堂的特点与本质上源自西方的中线对称建筑完美融合。它与北京的鼓楼（参见 134 页，图 146）十分相似，两相对比更加确证了这种式样在美学层面上的明确延续。

　　有一批中线对称建筑几乎按照完全相同的平面图而建，但其式样各有不同，并不存在明显的关联。也就是说在建筑关系中，它们都是孤立的个体。比如说供有佛祖弟子五百罗汉的雄伟大殿。直到今天，中国各地仍可见到几十例样本。根据文献记载，公元 1 世纪时，此类大殿的数量比如今还要多。许多业已消失，或仅存遗迹。这些建筑平面与结构的设计方案颇为独特，但却未对其他殿宇的建筑发展产生影响，因而处

① 即安远庙。
② 指戏剧中，高潮或转折后通过设置另一可能结局来延迟情节发展、提升作品张力的一种手法。

于一种孤立的地位。由此可以推断，这一建筑式样也与许多其他中线对称建筑一样由西方来到中国，且当时的外形结构或已大体成熟。所有此类建筑的平面式样均为方形加四个大小相同的方形天井。较宽的外部结构为方形，较窄的内部结构形成十字，共同将天井围住。这些部位实为廊道，在外墙和内墙边、较宽的外廊道内、沿着中部柱列的基座上，都有基本呈真人大小的罗汉坐像。十字交会处为在建筑中心最重要的地点放置合适的神像——特别是三尊佛像——提供了便利。中部建楼阁使之醒目，且明显高耸于低矮的十字廊道之上，其屋顶使用更高规格的重檐造型，通常顶部还附带生动活泼的尖顶装饰。建筑外部的东南西北四点皆出抱厦，一般来说，南面的那座修建得更为精细，并供有特别的神像。五百罗汉堂这一建筑类型的杰出范例便是位于北京郊外西山的碧云寺。寺内罗汉堂连同一些院落及附属建筑构成了寺庙广阔建筑群内的一个特殊存在。

此前已多次指出，天花对中线对称建筑内部的空间效果通常起到决定性作用。封闭而宏大的室内空间只要不像常见的中国传统建筑式样那样屋架外露，那么流传最广的天花式样则主要表现为平铺的格状天花。当它在一间大殿的所有空间之上均匀铺开，不但带给人们预期中的稳固宁静之感，同时还可在格子上做出多样的木雕、涂灰浆、上彩画，制成生动的装饰。宏伟的寺庙大殿中，主佛坛位于中心的方井处，这里经常用独特的天花造型予以强调。最流行的做法便是设置木制穹顶。中国人尤其擅长运用造型华美、种类繁多的结构和样式塑造此类穹顶，不过其构架总是异常复杂，并不容易参透。建造这种穹顶的基本思想是将方形或者矩形转换为八角形，或更常见的圆形，并将高度不断抬升至屋顶。其基本构件为著名的中国元素——斗拱。它将多种部件、臂架、底足和顶板以精妙绝伦的方式组合在一起，其中的环节数不胜数，主要使用在前方的枋架处。在诸如北京天坛与热河的圆形殿中，穹顶的式样相对容易理解，也比较简单。热河的圆形建筑主要以四周围成圆形的斗拱结合环环相扣的藻井结构，不过已属十分多变的形态。在以方形为底向上构筑的穹顶中，一眼望去则会产生一种令人迷惑恍惚的混乱之感，但仔细观察又会发现这是一个经过深思熟虑的和谐体系。普陀山佛顶寺^①内的藻井相对简单，宁波府一座戏台中的藻井则更加复杂，或可称得上戏剧性。普陀山法雨寺的藻井融合了各式独立元素，其中包括中央具有象征意义的宝珠元素。它从主佛坛上方的屋顶垂下，盘于八个垂柱上的八条龙争相咬取，姿态栩栩如生[①]。

这种木制穹顶或许直到近代才形成并付诸使用。它的雏形似乎是由砖石构件筑成的类似建筑物。不难猜测，是中国大地上那些偶尔出现且造型简单的伊斯兰建筑，尤其是钟乳石穹顶，为其提供了灵感。如果这一猜想正确，那么将再次证明中国人具有天生把喜欢的外来式样纳入自己的式样宝库，再用他们自己的方式重现出来的能力。

图148. 北京皇宫内的接见殿堂——中和殿。建于明代

① 即九龙宝殿屋顶的九龙藻井。

图 149. 北京国子监内皇帝讲学的殿堂——辟雍宫。约建于 1750 年

图 150. 天坛的皇穹宇。位于祭祀用的圜丘坛以北，是存放皇天上帝与统治王朝历代皇帝神位的处所。该建筑为单层台基、单檐攒尖顶

图 151.北京郊外南苑的元极殿。该建筑为双层台基、重檐攒尖顶

图 152. 热河普乐寺的旭光阁。建于 1766—
1767 年。该建筑为双层台基、重檐攒尖顶

图 153. 北京天坛祈谷坛内的祈年殿。该建筑为三层台
基、三重檐攒尖顶

注：图 150—图 153 上的四座圆殿结构各异，但修造方式相同：台基为汉白玉，
柱子与框架为红色，梁架施彩绘，屋顶为蓝色琉璃瓦，宝顶（也是盛放供奉文牒
的容器）为耀眼的鎏金色。

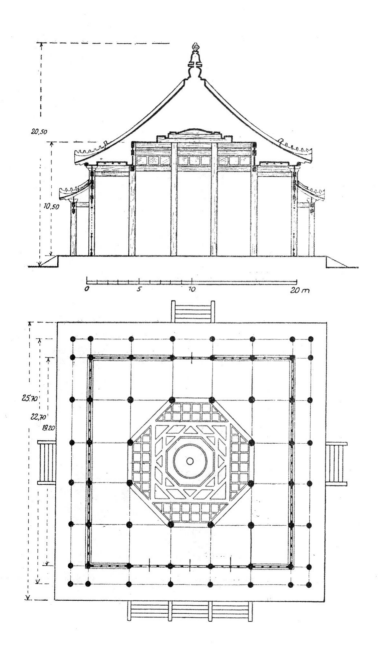

图 154. 热河小布达拉宫中线对称大殿的横剖面图及平面布置图。比例尺为 1:400

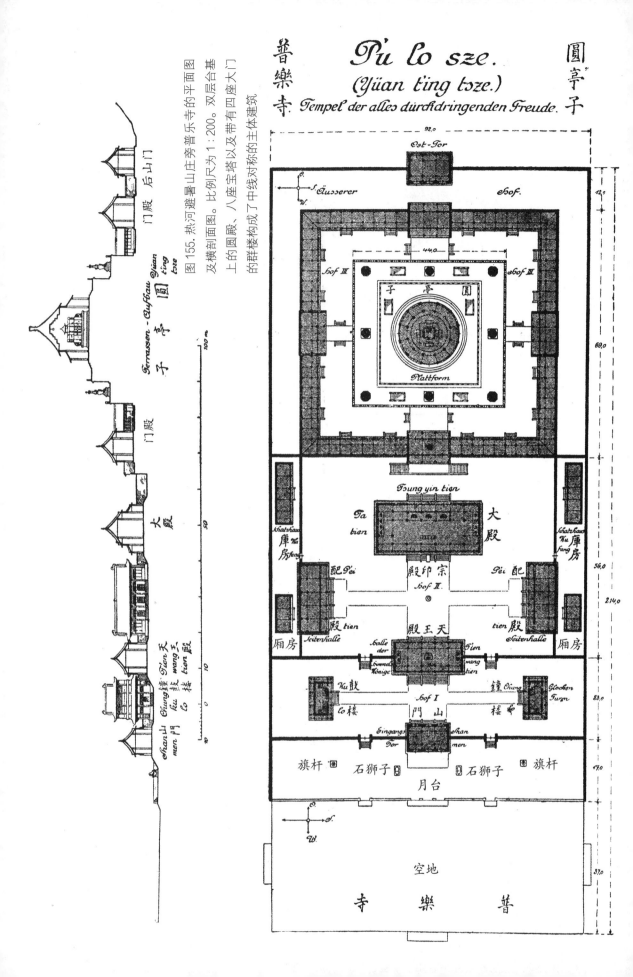

普
樂
寺

P'u lo sze.
(Yüan t'ing tsze.)
Tempel der alles durchdringenden Freude.

圓
亭
子

图 155. 热河避暑山庄旁普乐寺的平面图
及横剖面图。比例尺为 1：200。双层台基
上的圆殿、八座宝塔以及带有四座带大门
的群楼构成了中线对称的主体建筑

门殿 后山门

Terrassen - Aufbau Yüan t'ing tsze

圓亭子

门殿

大殿

大殿

Shan shan men 山山门 | Chung t'ien k'u wang tien 鐘天鼓王殿 | Lo t'ien tien 楼殿

Ost-Tor

O.
S. Äusserer
W.

Hof.

92.0

12.0

Hof III

子 亭 圓
Hof III

Plattform

60.0

Tsung yin tien

Ta tien 殿

殿印宗
Hof II.

大殿

Schatzhaus Ku fang
庫房

Pei 配

Pei 配

Schatzhaus Ku fang
庫房

殿 tien

Seitenhalle
厢房 殿 tien

天王殿
Halle der Himmels Könige

t'ien wang tien

tien 殿
Seitenhalle
厢房

56.0

214.0

Ku 鼓
Lo 楼

Hof I.

鐘
Chung
楼

Glocken Turm

23.0

Eingangs- Tor
shan men
門山

18.0

旗杆
石狮子

石狮子
旗杆

月台

O.
S.
W.

空地

37.0

寺 樂 普

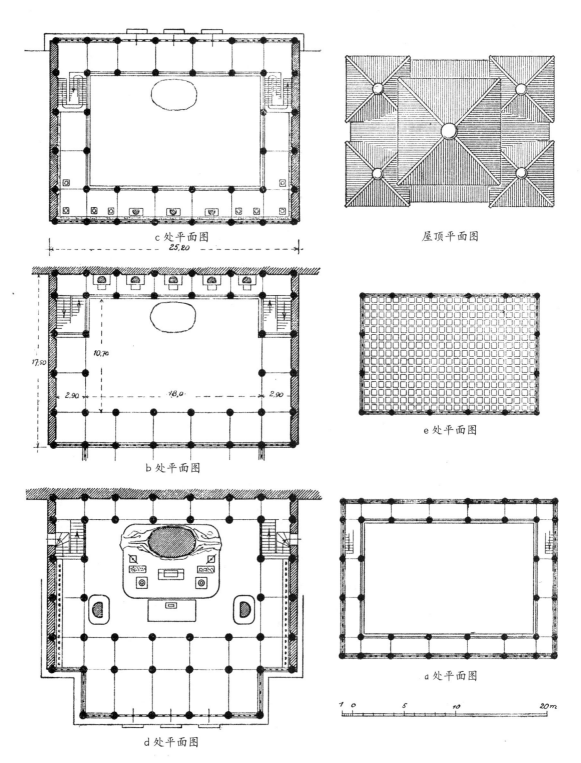

P'u ning sze 普宁寺 *oder* *Ta fo sze* 大佛寺

Tempel des alldurchdringenden Friedens oder des grossen Buddha

Ta fo tien 大佛殿 *Halle des grossen Buddha.*

c 处平面图

25,20

屋顶平面图

17,50

10,70

2,90   18,0   2,90

b 处平面图

e 处平面图

d 处平面图

a 处平面图

1 0   5   10   20m

图 156. 热河小布达拉宫大乘之阁的平面布置图。比例尺为 1:400

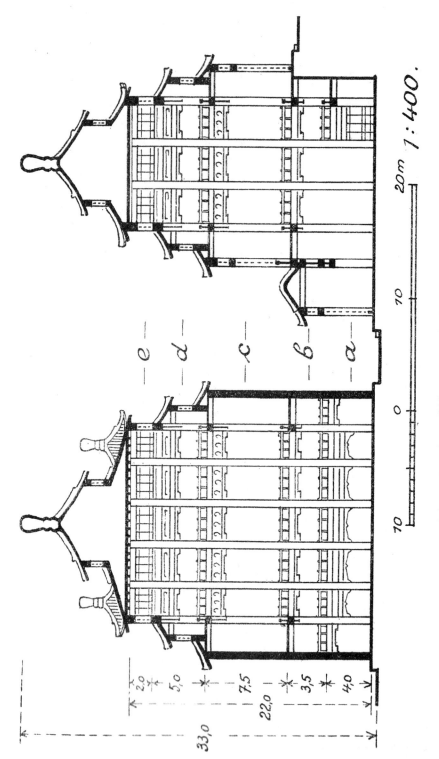

图 157．热河小布达拉宫大乘之阁的横剖面图及细部详图。比例尺为 1：400

重檐圆殿

天花平面图

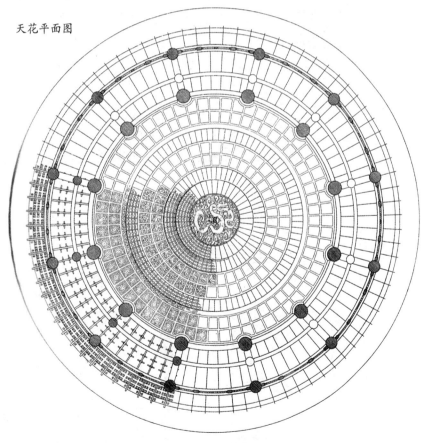

图158. 热河普乐寺的
横剖面图及内部穹顶的
平面布置图

注：热河普乐寺重檐圆
殿内的祭坛四面出阶，
四面开门，内供藏传佛
教的四头佛像①。祭坛
为方形攒尖顶，上方建
有井口天花和斗拱构成
的四层木质穹顶。最高
点处，从一条正面雕刻
的蟠龙口中垂下一颗巨
大珠子，这颗珠子代表
佛教宝珠。

———————

① 即欢喜佛。

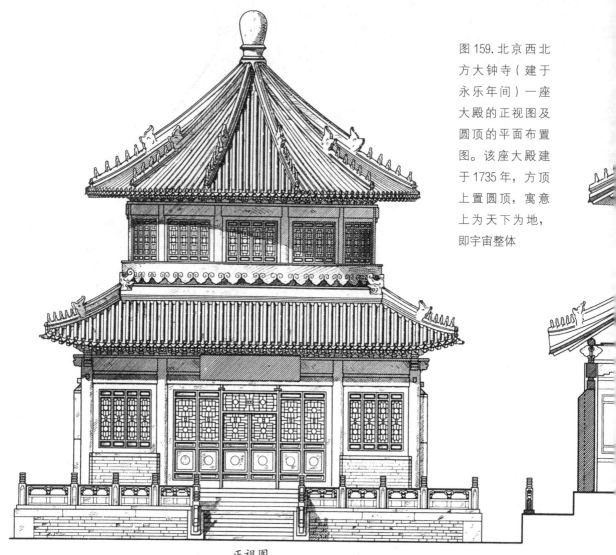

图 159. 北京西北方大钟寺（建于永乐年间）一座大殿的正视图及圆顶的平面布置图。该座大殿建于 1735 年，方顶上置圆顶，寓意上为天下为地，即宇宙整体

正视图

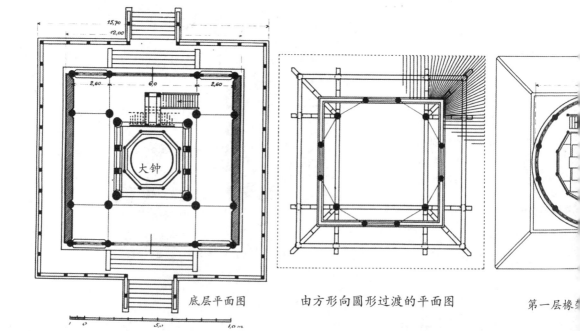

15,70
12,00

2,60 6,0 2,60

大钟

底层平面图

由方形向圆形过渡的平面图

第一层橡架

1 0   5,0   1,0 m

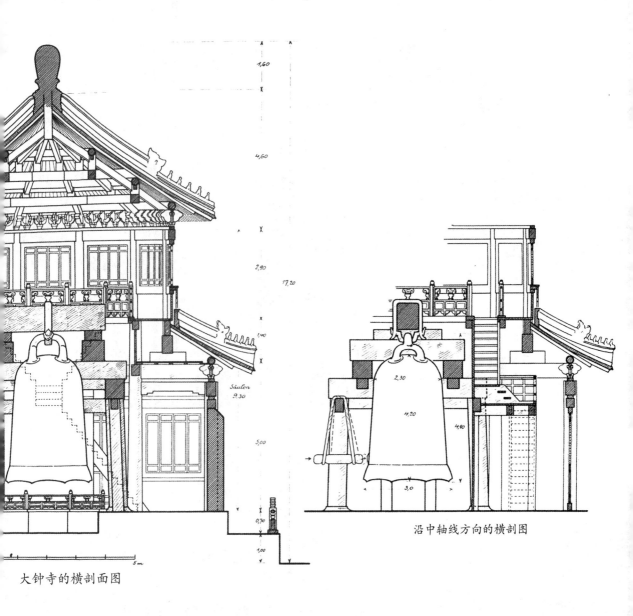

1,60

4,60

2,90 17,20

1,40

Säulen
9,30

5,00

2,30

4,20

4,90

3,0

0,70

1,00

5m

大钟寺的横剖面图

沿中轴线方向的横剖图

图160. 北京大钟寺一座大殿的横剖面图及
穹顶的平面图

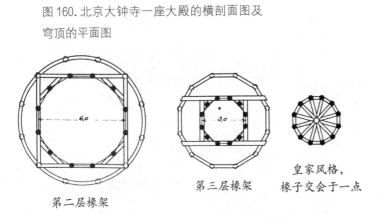

6,0

3,0

第二层椽架

第三层椽架

皇家风格，
椽子交会于一点

图 161. 北京先农坛的圆形神仓

图 162. 北京碧云寺的五百罗汉堂

图 163. 北京大钟寺的殿堂

图 164. 热河喇嘛庙的大佛殿

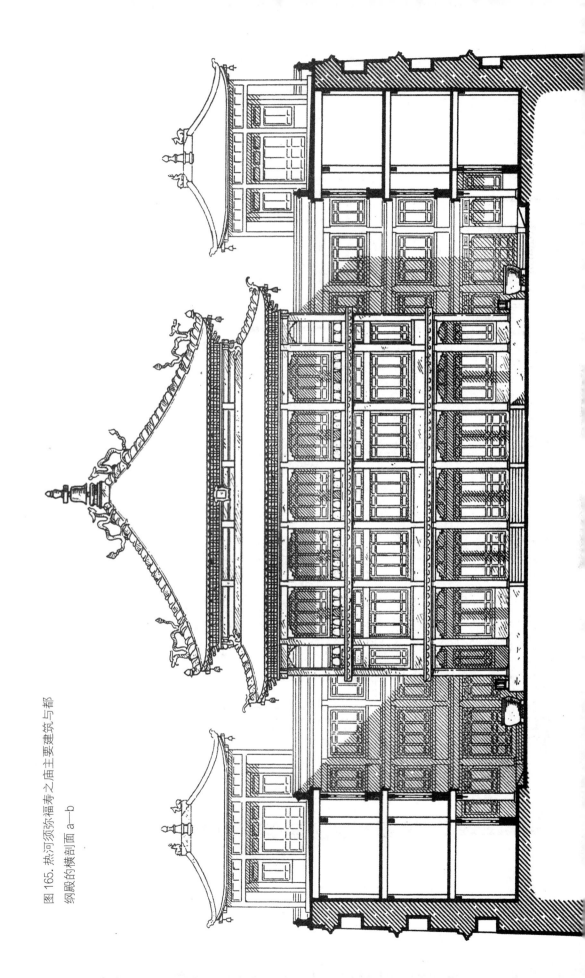

图165. 热河须弥福寿之庙主要建筑与都
纲殿的横剖面 a—b

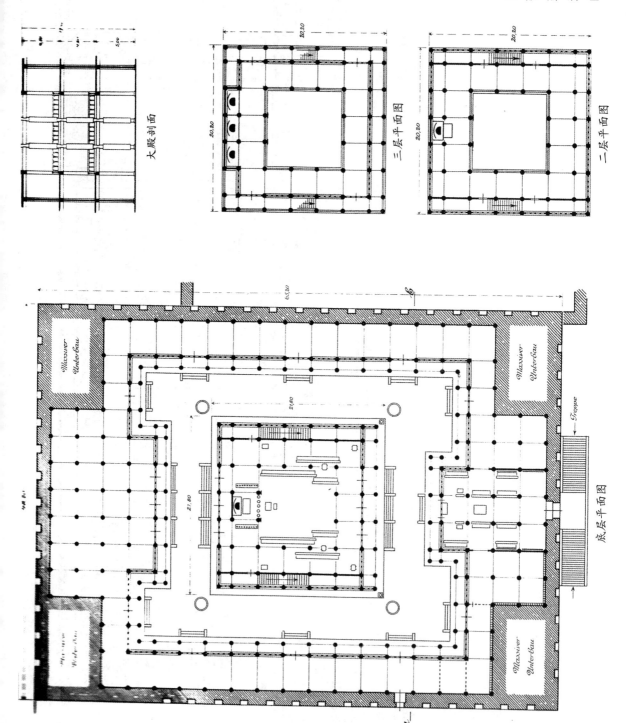

图 166. 热河须弥福寿之庙主建筑的平面图。这座多层大殿呈方形的平面图

大殿剖面

三层平面图

二层平面图

底层平面图

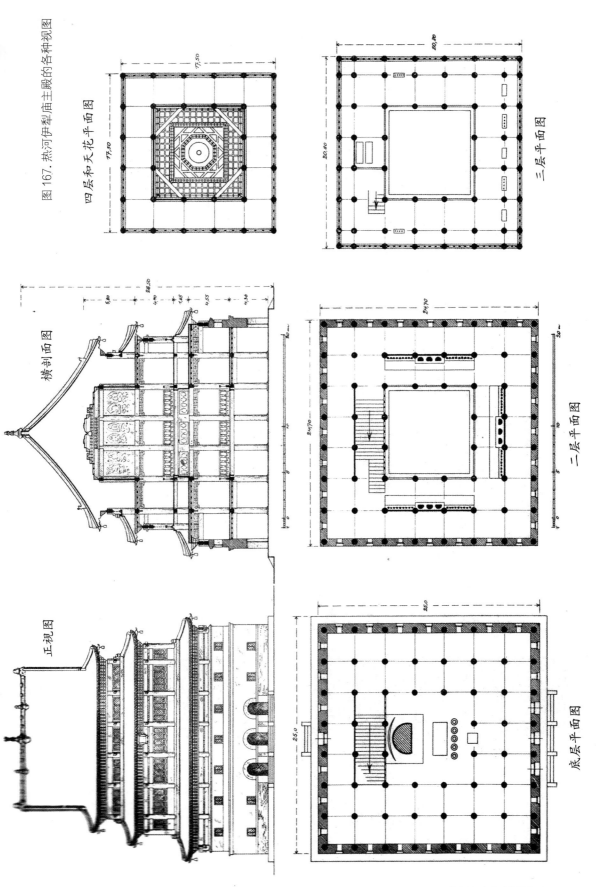

图 167. 热河伊犁庙主殿的各种视图

四层和天花平面图

三层平面图

横剖面图

二层平面图

正视图

底层平面图

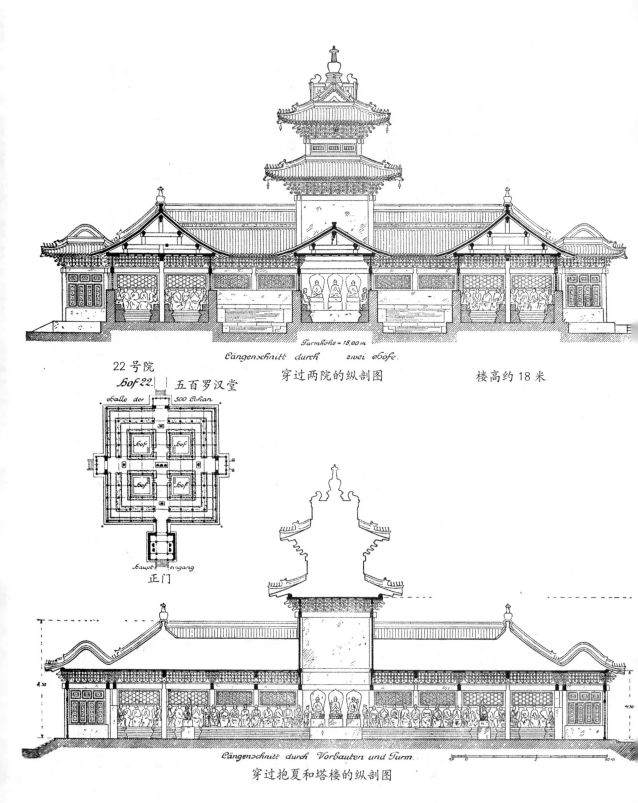

Turmhöhe = 18.00 m.

Längenschnitt durch zwei Höfe.

穿过两院的纵剖图　　　　　楼高约 18 米

22 号院
Hof 22.

五百罗汉堂
Halle der 500 Lohan.

正门
Haupt-eingang.

Längenschnitt durch Vorbauten und Turm.

穿过抱厦和塔楼的纵剖图

图 168. 北京西山碧云寺 22 号院内五百罗汉堂的纵剖图。其为中线对称建筑，带有楼阁和四间天井。
比例尺约为 1:225，平面图比例尺约为 1:900

图 169.清西陵慕陵的享殿。雕有云龙图案的格状天花，约建于 1850 年

图 170.北京天坛祈年殿内木质穹顶的格状天花

图171. 浙江宁波府福建会馆内的木质穹顶。此穹顶是由方形过渡到八角形的斗拱穹顶，带有 16 条穹棱

图172. 浙江普陀山法雨寺内的斗拱、穹顶。其由方形过渡到八角形再到圆形，带有直线形和螺旋形的穹棱。垂柱上的八条龙争相咬向中间的宝珠

图 173. 热河普乐寺圆殿内由斗拱和格状天花组成的穹顶

图 174. 浙江普陀山佛顶寺内的斗拱、穹顶

第八章

梁架与立柱

前面中线对称建筑一章的结尾处简要介绍了屋顶中央的天花构成，特别是藻井。它们已是中国现存天花结构中的顶级形式。古老的中国厅堂中并没有另加天花，而是屋架裸露在外。这就使得屋顶盖板底面，乃至椽子之间的盖瓦全都一目了然。从大量古老文献以及诗歌作品中可以得知，屋架明露的方式在以往是非常普遍的。平铺的格状天花的构造无论简单还是复杂，都是一种较新的形式。它必定是从西方引入中国的，且最终必然可溯源到古希腊的影响。这种天花几乎只出现在地位比较显赫的寺庙和宫宇大殿中。另一方面，中国人一直在继续完善天花的式样，例如在遍布中国各地无数的筒形穹顶中，经常可以见到名副其实的优雅曼妙而又构造精彩的作品。它们与中国的建筑风格也完全融为了一体。不过直到当下，使用最多的仍是屋架外露的设计方案。

梁

根据本书论述之意图，在此不对梁架和屋顶结构的施工细节以及它们与柱网的连接部分做详细说明，而仅论及最重要的基本情况。如果说中国厅堂的基本构架由清晰可见的支柱系统和梁架组成，那么需要明确指出的是在大多数以及最精美的建筑实例中，中国的柱子与梁架并不像古希腊神庙中那样是两个构造泾渭分明的个体。它们联系紧密，互相贯穿，彼此交错，有机地过渡到屋架和屋面之中。这一效果是在两个重要原则下达成的。其一是额枋不同于古希腊的惯制，不架于柱上。中国的柱顶不设柱头，额枋就从柱顶间穿过，并与它们一同直接架起放置椽子的檐檩或插入其中的斗拱，或是支撑起室内为大面格状天花而设的坚固框架。最典型的一例便是北京城郊明十三陵长陵的主殿（参见 181 页，图 200—图 201）。该殿外部的双层环状枋架与室内的单层枋架构成了平面上巨大而又稳固的体系。另外，当厅堂布局为多间进深时，内部的柱子不像古希腊神庙中那样逐层垒起，而是直接通到屋面较高的区域，并在那里再次承托环状斗拱构架——柱顶枋木以及置于其上的斗拱。有时，柱子甚至直达正脊，直接承托脊檩。在此基础上，带有榫头的梁木分别与外侧短柱和内侧长柱接合，使梁架形成中国建筑所特有的那种活泼灵动的组合。

水平方向的梁木数量众多，它们以装饰性枋木、额枋、檩、梁的形式互相叠合，排列有序，并通过形态迥异的托架支撑联结。为营造出艺术效果，这一元素的造型通常极其丰富，但同时起到结构上的作用，即代替没有使用到的、对支柱建筑和木框架建筑的稳定性起主要作用的对角斜撑。大多数情况下，这一元素的设置十分成功。水平构件的堆叠与各种支架的穿插充实了屋梁构架，其必要性可参见一种基本形式的屋架原理图。该图是根据仅存手抄本的《工程做法》(*Kung cheng tso fa*)①中的说明，按照中国（建筑）工匠行会的施工规范绘制而成。柱子上方的支柱体系结构单一，无法保证建筑的稳定性，于是便需添加中间梁和托架。它们的图样、布局和构造或多或少按照建筑工匠的喜好而设，因而也成了体现一座建筑物个人艺术特色的主要媒介。同时其运用不同长度的柱子、不拘一格的屋架构造，特别是许多立柱构件组合叠置，而使檩木可以分布在各个理想位置的支架系统。这就使得屋顶设计具有极大的灵活性，并能轻易满足塑造各种屋顶弧线的需求。另外，梁架内部托架的多样结构与建筑外在及环绕内殿的各式斗拱形成协调之势，在高雅华贵的内部空间也与渲染建筑庄严隆重之感的匾额气质相合。这样环环相扣使得中国厅堂的各部分组成为一个不可分割的整体，达到和谐统一的效果，并且总能使我们体会到真正的宁静和美感。在此，想要大致系统地挑选出不同种类的梁架结构进行介绍仍不现实。文中提到的大部分例子在笔者所著的《普陀山》和《中国祠堂》中均有出现。

彩绘

中国的厅堂就像一场垂直面与水平面、柱子与枋木线脚、梁架与托架、屋顶直线与曲线之间的游戏。正如之前强调的那样，通过鲜艳生动的颜色绘制的彩画，建筑图景迅速得到极大程度的丰满。建筑彩画在技术上是可行的，而且足够持久。彩画并没有直接绘制在原木上，而是中间另涂一层，即灰浆层，且是在所有可见的木作表面进行抹灰。灰浆直接涂抹在刨平的表面，不使用管状或金属网做灰泥垫层。灰浆是由不同种类的泥土加上诸如血、植物汁液、植物纤维一类的黏合剂混合而成。混合物里不掺石灰，颜料涂层的持久性或许主要与此有关。遗憾的是在此无法对颜色的组合搭配予以说明。不过，色调的分配和效用仍值得以笔墨再现出来（参见190页，图213）。本书在介绍北京一座城楼的色彩运用（参见28页，图19）时已经提到，平面与建筑部件在局部设色时，会直接并列小型和微型色块，并连续运用对比强烈的多

---

① 或指清工部《工程做法则例》。

种纯色作为基本色调，其效果类似于我们的哥特式玻璃窗。从更多的细节描述中，可以更清晰地辨别出这种艺术宗旨。青和绿为基础用色。尽管中间穿插着栩栩如生、变化多端的纹饰，青与绿仍均衡地分布在所有部位。两者以白色、黑色、黄色的线条和边框加以分隔。火红色出现在重要的部位，如撑木托架、各种梁头装饰间的镶板——包括装饰底色本身，以及细椽木的表面。整体效果看起来就像是粗壮的红色主柱的延伸与扩散。少数部位使用了各种其他色调，例如圆形椽头、圆形藻井的金龙、镶板上的三宝珠火焰纹、上层方形椽头的万字纹等。其中丰富的象征意义在此只能略提一二。中间的主要区域画有两条悬浮在闪电状线条中的龙，两边以象征雷电和空气的螺旋形图案勾边。这种图样遍布各处，但在柱顶方木的水波纹线条，则应将其理解为翻涌的波涛。托架之间的镶板被有意塑造成岩石的类似物，如此一来，自然界的三元素——气、水、土，便以最奇特的形式显现出来。所有细节之处皆遵循整体构图宏大的内部轮廓，而我们想象不到的是艺术家还在其中加入了一种自然主义风格的彩色花朵与一种星形图案相结合的彩画[1]。在我们眼中，如此雄伟之处出现这一样式显得并不和谐。而对中国人来说，这类彩画意味着抽象之物与熟悉的人间事物和谐共存，以及通过有机体赋予几何形态的纯象征性图样生命力。这种有机体是中国人不可或缺之物。它与概念上的、纯粹装饰性的、符合美学的事物形成一种紧密的互为因果之关系。自远古时期，中国所有的哲学和宗教体系均把这种相互关系确立为万物存在的基础。人们通过艺术作品来呈现生命与形式合而为一的观点——正如我们所说的献祭，却因此得以从僵化的审美观中解脱出来。这再一次证明了一种与我们完全不同的对待艺术品的态度。二者的区别之处源自于对自然与人的不同的基本认知，他们信奉宇宙一体论[2]，我们则秉持个人主义观点。

撑木[3]

撑木可有机结合支柱系统与梁架，并使之更加丰富。其重要性从那些无穷无尽、千变万化的式样中便可看出。撑木可以为梁木分担更多的承重，减小跨距，并且至少通

---

① 指旋子彩画。

② "Universismus"一词据说为荷兰汉学家高延所创，后成为西方汉学描述中国宗教哲学的一个经典概念，也有"宇宙主义""天道论""一元论"等译法。

③ 原文为"托架"一词，但此处实指雀替与牛腿，故使用"撑木"加以区分。

过牢固地楔入梁木支座形成一种对角斜撑之效。这些用途得到了很好的实践，同时又以独特的轮廓和纹饰付诸艺术性的表达。我们所使用的对角斜撑为不经雕琢、棱角分明的原始木料，而中国人却很少这样操作。笔者仅能想起零星几个例子。毫无疑问，原因在于美学层面，一条那样直白的斜撑将破坏掉支柱与梁架构成的有机体，而中国人追求的正是过渡与连接的和谐性。斜撑的理念几乎只在中国中部——特别是四川、湖北——形式较为灵活的一类建筑中出现，而且只要出现，便是形态粗壮、精雕细刻、常常成对使用的木制式样，或者被赋予与众不同的艺术造型（参见 191—193 页，图 214—图 218）。与此相对，在四川和湖北等一些区域，墙壁为外露的梁木框架，框架上面的格状木构点缀着装饰。木构也从不使用斜撑，而是惯用制作精良的矩形撑木。

撑木作为支撑与承重的部件，首先应用在中国建筑所特有的出檐构造上。远远挑出前壁的屋檐由外露的檩木支撑，檩又架在梁、柱与短小垂柱组成的支架结构上。这时，撑木自然起到了重要作用。四川乡村的一些例子中，既有比较简单的结构，也有相对繁复的造型。为实现支撑出檐的使命，继而又发展出斗拱装饰，它的结构通常复杂多变得令人咋舌，几乎可算作中国建筑中的奇迹之一，有时甚至对厅堂立面本身的效果起到决定性作用。斗拱由数量庞大的小巧构件组成，上面有着最变幻无穷的光影分布，因而其式样雄浑粗犷，中国北方地区尤为如此。在充满奇思妙想的南方地区，斗拱有时则成为自然主义元素的载体。露天的拱头末端可塑造成花、叶，甚至是含有寓意之物（参见 197 页，图 226）。

立面封闭、不带回廊的厅堂无须嵌入撑木。窗与门的框架结构填充了整个格状木构空间，本身就是最好的加固措施。而在带有前廊和回廊的布局中，单层或双层的环状枋架和额枋则以撑木承托。北方各地几乎主要使用水平方向的撑木，即使它们外形生动、纹饰华丽，也是更加突出建筑物的水平走向。值得注意的是中国古代传统建筑与近代的藏传佛教建筑均使用这种长形撑木。相比之下，中国中部和南方地区的式样更加鲜活明快。在那里，三角形是最常见的元素之一。它拥有无数种变体形式，以等长的两边插入梁与柱的夹角，其对角边则大弧度内弯。如果将同一格框架内的撑木尺度做大，或通过排列更紧密的柱列使它们距离更近，那么柱间区域的上方封闭处便可形成一个轮廓。这种令人联想起打褶窗帘的造型已成为十分流行的式样（参见 203—204 页，图 236—图 239）。

柱头装饰

撑木与支撑檐檩的前突梁木在柱头交接，此处承担着四个方向支架的重量，经常会出现显著的装饰物。这种柱头装饰似乎已具备了向我们所理解的柱头概念发展的条件（参见 198—199 页，图 227—图 228）。但是中国人未能迈出这一步，即发展出真正的柱头。这是因为梁架与屋顶的结构使他们始终坚持由柱到梁的紧密过渡。不过，偶尔也有向柱头演化的萌芽出现。在喇嘛庙的大殿中，柱头处发展出了头像面具、公羊、公牛或舞蹈面具的造型。它们虽然只是装饰部件，但至少已暗含柱头的理念（参见 199—200 页，图 229—图 231）。从结构上看，当同一平面上的梁与檩互相交叉且需要获得均等的支撑力时，由一组撑木构成的柱头设置得十分得当（参见 200 页，图 231）。不过这种特别的连接方式极其少见。它没有被继续推行，也是因为柱头成为孤立的点后不具备继续展开的可能，也不够灵活，而这在中国人的建筑立面勾连秩序中想必是非常不受欢迎的。要知道各种式样富有生命力的流动一直是建筑结构设计中的决定性要素。

柱子

中国各规格的厅堂式样，无论是最简单的亭子或外部的柱廊，还是最尊贵庄严的楼阁大殿，均建立在立柱结构的基础上。由此不难评估出其中立柱所占据的地位。在绝大多数情况下，建造立柱使用的是木材，这一情况多见于中部和南方地区。只有个别北方省份使用石材，不过柱子从不以砖瓦为原料。柱子最初为方形，之后几乎一直广泛使用细长柱，日常生活中的建筑尤其如此。不过，立柱建筑的真正标志则是木质圆柱，直到今天它仍是建造宫殿和寺庙大殿等宏伟建筑的典范。一些大型寺庙主殿的立柱为天然的石头所造，这属例外情况，多与当地资源储备有关。例如在湖南长沙府周边一大片区域的居民便纷纷建造细长、高大的石柱。

木柱的规格多种多样，木材的种类也千差万别。木柱由去皮的原木按规制加工而成，且需尽最大可能保证尺寸不发生变化，因而成品仍保留树木向上逐渐变细的自然外形以及轻微隆起的轮廓；特别是后者，甚至往往被加工得更为明显。有时，为柱子抹灰时也会出现这种情况。柱子一贯需要涂抹灰浆，以便获得更好的保护，或有利于奢华建筑中的上色步骤。笔者见到过且测量过的最大立柱是北京主城门——前门的主城楼内部的柱子。其柱底直径 0.9 米，长 25 米，共计 12 根，当时每根价格约为1500 马克。由于北方木材紧缺，大型柱体早已需要外地购买，北方的木料主要来自朝鲜和中国东北地区。根据前面一些章节的不同实例，足以了解雄伟殿堂中柱列布局的艺术效果。但也有在蜿蜒的长廊中使用较短立柱的形式，其中的杰出范例便是南岳衡山宏伟庙宇中环绕着主院落的双廊道柱廊（参见 201 页，图 232—图 233）。廊子两边长均为 163 米，呈不间断式排列，而整体巨大的轮廓更给人以庞然大物之感。

石柱

石柱尽管存世相对稀少，仍值得我们特别关注。首先，它们见证了中国人加工天然石材的精湛技艺，即使在制作具有难度的细长柱体时也毫不逊色；其次，石柱也表现出中国人希望更清晰地展现立柱垂直线条的愿景；最后，从消极意义上看，石柱并无革新，只是转换了柱子的材料，而没有从坚固原石那特殊的结构价值中为柱子、梁架或是上部建筑探索出焕然一新的设计方案。梁架仍旧为木结构，厅堂仍以木质立柱式建筑为基本特点，并无本质性改变。石柱完全以原先木柱的形式出现，只是为了更持久和更高规格的隆重效果而转化为一种新的材料。湖南境内各种过于细长的柱子可算作一例（参见 203—204 页，图 237—图 238）。在整体视觉上，它们连各区间的比例划分也完全继承自木结构建筑。以长沙府的厅堂为例，此类建筑以单檐屋顶突显直线的、平面的特征，屋顶几乎没有起翘，仅简略勾勒出正脊线条。而在成都府一间寺庙大殿，更为精致气派的柱列同样采用了抽象的式样主题，屋面平整无装饰，就像临时建筑一样覆盖在柱子与前廊之上。然而在这种立面柱子的伪装下，厅堂内部实际为双层结构，这样的立面效果意义重大。其重要性不在于传统中国建筑所特有的各部位的绝对和谐，而在于它同我们那种将立面分解为独立的下部建筑和屋顶的建筑方式类似，最终显露出的是西方思想，即便这种厅堂绝不可能受到过西方任何哪怕是间接的影响。在此出现了一种全新的建筑思想，它突破了原有的风格，追求新的形式，以体现个体精神。这种精神在中国始终与古老传统的思想并存，且一再争取实现。成都府的这一建筑必定为近代所造，或许就在 18 世纪。值得注意的是新的建筑理念产生后，石柱也随之出现。此外，正是在艺术上特立独行的四川才出现了如此具有革命性却又超然睿智的优美作品。

衡山南岳庙的主殿当属以传统中国风格大量使用巨型石柱的范例。它也是中国中部地区殿堂式建筑（参见 202 页，图 234—图 235；203 页，图 237）的巅峰之作。台基、建筑主体以及屋顶每一部分的构造都意义非凡。重檐屋顶之间的夹层被抬高，阳光由此照进一体式的内部空间，如同沐浴在大教堂的神圣光芒之中。其正面设七条轴线，侧面为五条轴线。底层完全包围大殿的回廊，正面九条轴线，侧面七条轴线。这里使用的便是石柱，每根由两部分组成，中间连有木质额枋以及秀气的拱形轮廓的撑木，拱形与构架等大，且伴随着亲切、柔和之感。沿着前廊看去（参见 201 页，图 232—图 233），高度和空间都无比巨大，正如该寺庙一院落柱廊长度的延伸一样令人震撼。

石雕柱

为了使这一引人注目的建筑构件显得更为隆重、装饰性更强，中国的工匠对柱子本身也加以美化。这恰恰与石柱的存在意义相对应——它本质上并不是中国建筑新的组成部分，只因特殊效用才成为其中一员。在这之前并非没有先例。木柱上的灰层为柱上彩绘提供了基底，施彩通常为单色，但在柱顶，有时在柱脚，则会添加多种色彩的纹饰。无论如何，彩绘都赋予了柱体独有的生命力。而有的柱子因立于宫殿、寺庙重要殿堂之内而布置得不同凡响，有的柱子则因高大雄伟而与众不同。这些柱体表面涂漆，并施以五颜六色及金色的纹饰，甚至还经常采用深浮雕处理。其中最具代表性的例子便是北京天坛祈年殿内的巨型立柱。另一方面，整根天然木柱或涂有一层灰的木柱上常常盘绕着龙和其他神兽，或者饰有编织纹和涡形纹。这些装饰皆为木雕，以完整形态和垂饰的造型呈现。其中的象征性因素更加表明中国人赋予了柱子深厚的抽象含义。对他们来说，这种意义或许比纯粹结构上的价值还要重要。石柱付诸使用后，人们接下来便在八角柱或圆柱表面饰以平坦的浅浮雕。分区排列的浮雕本身通常经过轻微塑形（参见 205 页，图 240）。这些浮雕可以制作出精美的阳刻纸拓，与用石碑平面上雕凿的碑文制作的阴刻拓印同理。在北京郊区明十三陵的入口处，有一些单独露天竖立、收分明显的棱柱。它们经过进一步改造，雕刻着大量纹路清晰、造型生动的云纹图案。这些浮雕在清代皇陵中继续发展，成为由石、水、云、龙组合而成，对比鲜明的大型雕塑。其中的盘龙几经回旋，缠绕在八角形或圆形的柱身上。在另一些实例中，该元素则显得颇具想象力，特别是在广东和浙江宁波府，其设计可谓天马行空（参见 206 页，图

244—图 245 ）。而在北方的山西，石柱浮雕的深度则较为克制和适度。

这一门类中最具价值的艺术品当属山东曲阜孔庙主殿的著名柱列。自远古时期，这一省份便精于加工天然原石。正立面由十根石灰岩柱划分为九间，立柱均由整块巨石雕刻而成，高 5.3 米，底部直径 0.75 米。石柱表面雕有水、石、云纹装饰，一对栩栩如生的雕龙穿梭其间，上下相对，争夺柱子中部悬浮于云雾间的宝珠。浮雕刻画得极深，有的地方甚至从底部切断，还有的高高耸起的部位脱离表面，成为立体雕塑。不过没有一处柱体打通，因此尽管雕刻充满灵动性，但仍给人以气势宏大之感。柱顶附有石质浮雕撑木和斜撑构件，以承托和加固木质额枋，柱体也得以楔入固定，接合处之间的剩余石雕柱身通入额枋，一直延伸到环绕的斗拱处。这些柱子极可能建于 1500—1504 年。图 247（ 参见 207 页 ）上可以清楚地看到柱础。这一重要的建筑构件需要单独予以研究。

柱础

有一种广为流传的观点，认为中国的柱子没有柱础，或者其柱础仍处于相当早期的发展阶段。这一观点以北方的文物古迹为认知基础，而对那些建筑而言，上述见解大致成立。事实上，北方已出现了十分值得关注且并不令人失望的柱础造型，而在中国的中部、南部，特别是西部，各种五花八门的柱础式样繁多，值得选取大量实例加以观察。在研究过程中可以看出，柱础这一领域似乎因为某种固定规则而尚未受到束缚，中国人得以发挥出他们富有灵性的想象力。他们对每种构造要求都怀有自信，同时高度独立，处于一种类似无拘无束的状态。然而无论何种情况，即使同一厅堂、同一空间内的不同柱础样式相异，他们也可使其相互协调，并在小范围内令风格保持一致。首先需要指明的是鉴于中国柱础式样的独立性，还没有证据表明它曾受到过外来影响。例外情况似乎仅有受古希腊蛋箭饰线与印度莲瓣纹影响的柱础（ 在北方常可见到。参见 207—208 页，图 247—图 248 ），以及那些受现代欧洲文化影响、从文艺复兴式样发展到优雅造型的柱础。最外层的立柱尤其盛产此类造型，其形状给人以异域感（ 参见 209 页，图 249 ）。由于各种柱础的形貌显而易见，在此仅对一些重要特征予以说明。

柱脚与地面之间通常会放置一块垫石，以保护大多为木质的柱子的下部不被侵损，也更易校准立柱的位置。最简单的式样为方形或圆形的平台底座，更高规格的做法一般是将方形底座嵌入地面，插入台基覆面之间，再通过凹槽连接作为柱子支座的上端圆形柱础（参见 208 页，图 248）。底部构件嵌入地面能消除与地面产生的接缝，在更为复杂的施工过程中也极常使用这种结构设置。柱脚部位有的是半隆起形状，有的以叶形纹装饰，有的雕成凸线纹路，也有的在两个大块石件上叠放一块凸起的鼓形石。这种鼓形石有时与最下部的雕花部件一同出现，很形象地表现出支承与负重的概念。它与古代的铜鼓十分相似。时至今日，后者仍可在中国的中部和南方地区见到，或许仍偶有出土，不过大多均为古时遗物。这种器物不仅与中国的原住民，更与东南亚文化有所关联。鼓形柱础与古代的铜鼓有何渊源，在此无法确定。无论如何，它们的纹饰有时十分相近。方形或八角形基座作为特殊的柱础底座，有时被加高为正方体或棱柱形状，本身还由其他结构和纹饰组成，有时甚至是组合式样。而通过结合上部较细的圆形凸线以及垫形或鼓形的隆起可形成丰富多样的复杂造型。如果将各种柱础形态与我们的样式种类进行对比，那么这些形形色色的造型似乎包含了我们柱础式样的所有外形元素及内在思想——从罗马与早期基督教时期风格，经由哥特式与文艺复兴时期风格，直到一种我们喜欢称之为"优雅古典主义"的理念（参见 177—178 页，图 187—图 192；209 页，图 249），尽管我们可能找不到形式上完全对应之物。

另外，柱础上还有大量中国独有的元素。柱脚的隆起常雕刻成各种带有方形涡卷的卷须纹。石鼓、石方和棱柱不仅以千变万化的方式组合、分段、镂空雕刻，还变幻出各式明暗效果。带有象征性、宗教内涵的纹饰和形象通常也以最深的浮雕形式凸出覆盖在石面、凸线装饰和边缘上，使得它们本身便是一个个小型艺术品。柱础与柱子以同样的方式通过通体洋溢着的奇思妙想来表现自然中显露的无限生命力，而建筑作品也正应该是这一主题的形象体现。

在丰富的纹饰象征体系中，最引人注目的元素便是各种动物雕像。它们在中国整个表现艺术中扮演着举足轻重的角色。出现最多的是支撑柱子或斜撑的蹲狮，也有龟、象、虎、麒麟、龙等兽。它们或以支座形式出现，或保护柱础四角，或环绕构成整个柱础，或作为众所周知且一再更新的象征性浮雕画的组成部分填充在表面。这并不是情感过盛，而是对生命存在和塑造、刻画的喜悦，对大自然无限创造力的重现，对自身创造新形式的高超技能的自信，以及对宇宙思想及其象征形象影响的确信。图 199（参见 180 页）为四川一山寺敞开式主殿的正立面，其中梁架与立柱的众多元素和谐地组合在一起。该图所示作为北方建筑艺术展现出的纯粹雄伟气质的补充，体现的是生气勃勃的想象力。即使受限于明晰的结构规律，也仍是中国中部文化，尤其是四川的一个独特标志。

图 175. 湖南衡山
南岳庙的柱础

图 176. 浙江海宁州
一座寺庙的柱础

图 177. 广东广州陈家祠的柱础

图 178. 四川雅州县^①郊外一座寺庙的柱础

---

① 今四川雅安市。

图 179. 山东泰山岱庙的柱础

图 180. 山西闻喜县郊黄帝庙的柱础

图 181. 广西桂林府北的柱础

图 182. 四川夔州府的柱础

图 183. 四川自流井的柱础

图 184. 四川自流井的柱础

图 185. 四川万县的柱础

图 186. 四川万县的柱础

图 187. 广西梧州的柱础

图 188. 广西梧州的柱础

图 189. 福建福州府的柱础

图 190. 广东广州的柱础

图 191. 广东广州的柱础

图 192. 广东广州的柱础

图 193. 浙江普陀山法雨寺的柱础

图 194. 浙江普陀山法雨寺的柱础。图中的龙门位于二龙之

图 195. 山东曲阜木门上的柱础

图 196. 浙江普陀山法雨寺的柱础

图 197. 陕西汉中府孔庙的柱础

图 198. 陕西汉中府孔庙的柱础

图 199. 四川青城山长生宫敞开式主殿的柱础、立柱和梁架

图 200. 北京明十三陵长陵享殿的室内

图 201. 北京明十三陵长陵享殿的外观

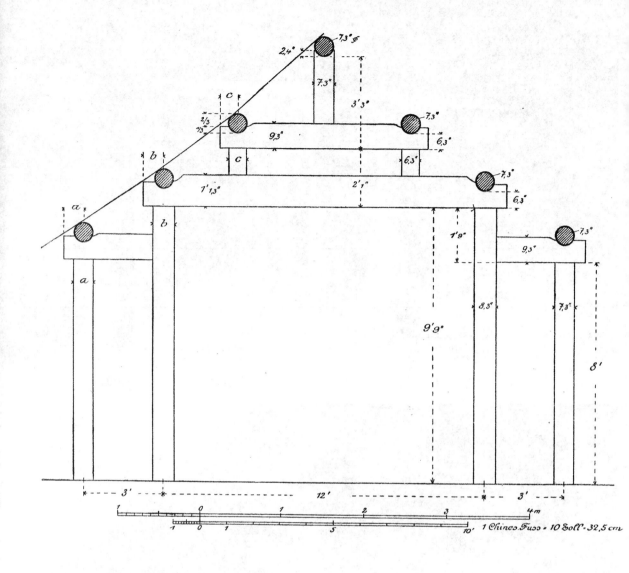

图 202. 按《工程做法》中的建筑规范绘制的一幅中式屋架横剖面的简图。比例尺为 1：50

图 203. 四川成都府郊区青羊宫灵官殿内的梁架与托架。比例尺为 1：200

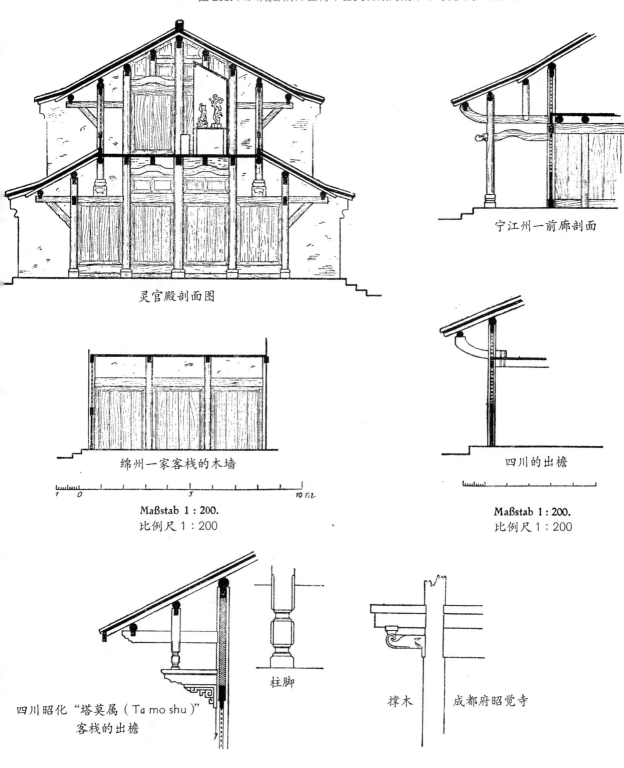

灵官殿剖面图

宁江州一前廊剖面

绵州一家客栈的木墙

四川的出檐

Maßstab 1：200.
比例尺 1：200

Maßstab 1：200.
比例尺 1：200

四川昭化"塔莫属（Ta mo shu）"
客栈的出檐

柱脚

撑木　成都府昭觉寺

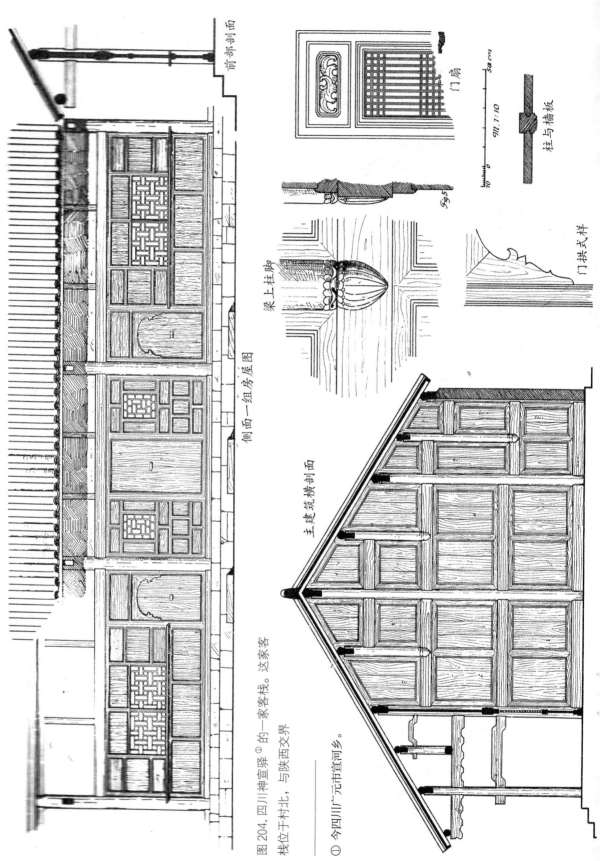

前部剖面

侧面一组房屋图

门扇

柱与墙板

梁上柱脚

门拱式样

主建筑横剖面

图204. 四川神宣驿①的一家客栈。这家客
栈位于村北，与陕西交界

① 今四川广元市宣河乡。

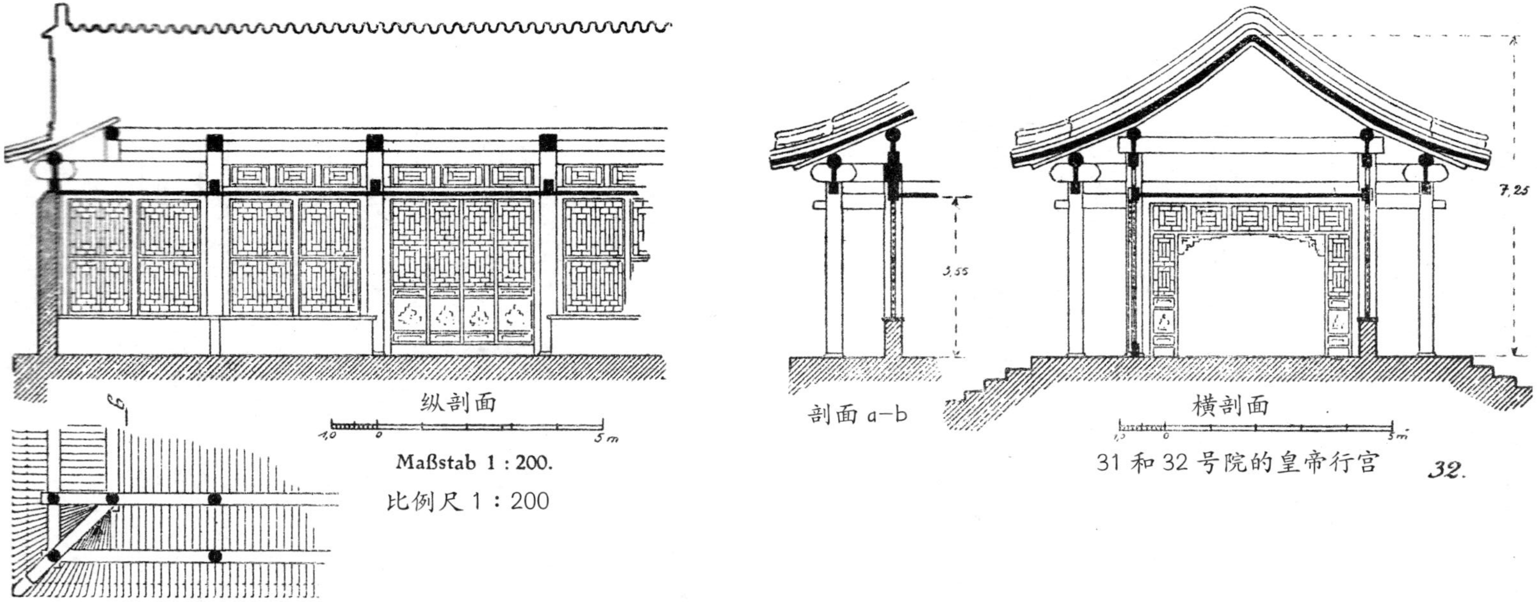

横剖面

剖面 a—b

31 和 32 号院的皇帝行宫 *32.*

纵剖面

Maßstab 1：200.
比例尺 1：200

图 205. 北京碧云寺一座大殿的横剖面图及内部布置图

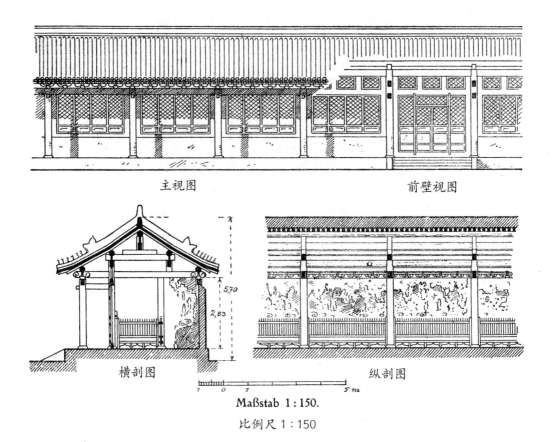

主视图　　　　　　　　　　　　　　前壁视图

横剖图　　　　　　　　　　　　　　纵剖图

Maßstab 1 : 150.

比例尺 1 : 150

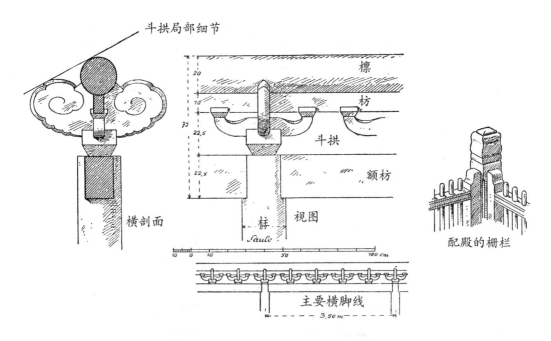

斗拱局部细节

横剖面　　　　　　　　视图　　　　　　　配殿的栅栏

主要横脚线

图 206. 北京碧云寺主院落中的一座配殿的横剖面图及内部布置图。此配殿纵向墙壁上绘有天界与地狱彩画。比例尺为 1 : 150

图 207. 广东广州五层楼内部的梁架

图 208. 浙江普陀山佛顶寺内部的梁架

图 209. 浙江普陀山法雨寺长廊上的木质
筒形穹顶

图 210. 浙江普陀山佛顶寺大殿廊道上的
木质筒形穹顶

图 211. 热河伊犁庙主殿内部的梁架

图 212. 浙江普陀山法雨寺主殿次间内
部的梁架

图 213. 北京一座城门建筑的彩色中式原画。此图绘于 1903 年，为原尺寸的六分之一

图 214. 四川北部小昌铺^①村街道上的撑木　　　　图 215. 湖北宜昌府龙王洞寺庙建筑上的撑木

———————

① 根据音译，或有出入。

图 216. 湖北宜昌府一家客栈的撑木   图 217. 湖北宜昌府一家客栈的撑木

图 218. 四川青城山地区几座寺院内的撑木

图 219. 北京雍和宫内的撑木

图 220. 山西太原府西南晋祠内的撑木

图 221. 清西陵慕陵享殿内的撑木

图 223. 北京一座建筑转角的撑木设计

图 222. 清西陵慕陵享殿内的撑木

图 224. 山西五台山善财洞寺的撑木

图 225. 湖南衡山上封寺的撑木

图 226. 湖南长沙府孔庙主殿的撑木

图 227. 湖南长沙府席氏祠堂厅堂内的撑木

图 228. 广东广州陈家祠厅堂内的撑木

图 229. 北京黄寺内的柱头装饰

图 230. 山西太原府郊外一座庙观遗迹内的
柱头装饰

图 231. 湖南醴陵县城隍庙内的柱头装饰

图 232. 湖南衡
山脚下的大型
寺庙——南岳
庙主殿柱廊内
的立柱

图 233. 上图寺
庙中环绕主院
主殿的木质柱
廊

图 234. 湖南长沙府陈家祠正厅内的石柱

图 235. 湖南长沙府陈家祠门厅内的石柱

图 236. 四川成都府文殊院大殿及藏书处——藏经楼内的石柱

图 237. 湖南衡山南岳庙主殿内石柱的远景图

图 238. 湖南衡山南岳庙主殿东南面的石柱

图 239. 湖南衡山南岳庙主殿北面的石柱

图 240. 山东曲阜颜庙的石雕柱

图 241. 清西陵泰陵内的一根柱子。每两根
此类立柱分列建筑群中轴线上的神路两旁

图 242. 明十三陵入口处的一根露天立柱

图 243. 图 242 柱子的局部

图 244. 广东广州药王庙内一座亭子的石雕柱

图 245. 浙江宁波府的福建会馆

图 246. 山西解州关帝庙的主殿

图 247. 山东曲阜孔庙主殿内的石雕柱。该柱应
建于 1500—1504 年

图 248. 山东曲阜孔庙主殿内石雕柱的近景照片

中国北方

曲阜县

灵隐寺

曲阜县

热河

曲阜县

普陀山

普陀山

图 249. 中国北方和中部地区的柱础

图 250. 广东、广西的柱础

图 251. 四川的柱础

a. 甘子铺^①（Kan ki pu） b. 江州^②（Ning kiang chou） c. 沙坪（Sha ping） d. 甘子铺

e. 甘子铺　f. 峨眉山报国寺　g. 沙坪　h. 峨眉山报国寺　i. 沙坪

① 音译，或有出入。

② 同上。今在重庆市。

图 252. 四川、陕西的柱础

第九章

屋顶装饰

富丽堂皇、多姿多彩的屋顶构造是中国建筑的首要主题。由于中国的建筑普遍不高，所以华丽的屋顶设计总是首先引起人们的关注，尤其是来自异乡的游客。实际上，与我们看待自己的建筑时所惯用的视角相比，这里有一处根本性不同。在我们的建筑中，人们注重的是独立的、形态各异的精美立面，中国人却将同样建在低矮的下部建筑上的屋顶打造成他们厅堂的主要构件。中国的建筑横跨中轴，更便于他们达成这一目标。如果将中国建筑与我们古时的建筑典范——古希腊神庙样式相比对，则会发现，与后者不同，中国建筑的正立面和入口不在山墙侧，而是设在较长的一边。由此，立柱的垂线与轮廓底边、枋木、屋檐和正脊的水平线之间径自产生了一种更大规模、更有力度的节律感，而这种节律又带动了后续的完善工作。屋面与屋顶线条的弧度以及丰富的屋顶装饰则为严整的建筑结构注入了有机生命，并使以象征符号来表达自然哲学与宗教思想的愿望得以实现。而对这些思想的阐述是中国人在他们所有艺术形式中的追求。在第三章介绍厅堂时已提到了最主要的几种屋顶式样，因而在此主要谈谈屋顶的装饰。

山墙

从建筑结构以及历史视角来看，常见的双坡顶和所有屋面均呈坡形的庑殿顶可能是出现最早、形式最简单的屋顶样式。而庑殿顶已被确定为高规格传统建筑所特有，在方形平面上则可形成攒尖顶。显而易见，人们可能自古以来就特别关注双坡屋顶的山墙设计。在一些历史最悠久的中国文化中心，仍留有一种大概十分古老的装饰式样，至少笔者在其他地方未曾得见（参见 220—221 页，图 253—图 256）。北方的山西，尤其是河南开封府及其周边地区的山墙立面上，上部区域经常出现外露的梁架，屋顶远远跳出山面，并以两块较宽的博风板 [①] 遮挡末端。它们在正脊尖端的交会处用一块造型独特的木板加以突显，既遮盖住两块木板的连接处，又是一种装饰。这块板即是著名的悬鱼，后来在日本获得了超凡地位。其形制显然具有中国古风，但是在建筑的发展过程中又为人所弃，而今只在少数地区可以看到。随着山花被推广开来，特别是

---

① 博风板，又称搏缝板、封山板，常用于古代歇山顶和悬山顶建筑。这些建筑的屋顶两端伸出山墙之外，为了防风雪，用木条钉在檩条顶端，起到遮挡桁（檩）头的作用，这就是博风板。

重檐屋顶被广泛应用之后，从技术上或美学上都不再可能保留山墙上悬出的屋顶，山面所有部分都尽可能处在同一平面。不过宽大的博风板作为极富表现力的饰物被留存下来，且宽度做得格外明显。山墙的三角区域以多层次的凸线与屋瓦饰边勾勒轮廓，里面通常布满丰富多样的平面装饰。北京及其周边地区的官方建筑物中反复使用到一个奇特的元素——一种用木头与赤陶制成的、明显以锁子甲为模型的网状物（参见221页，图256）。

这些带有镶边和平面装饰的山花结构种类极其繁多，在此无法详述。图中的实例仅涉及一些特别的纯山墙式样，以中国中南部为代表的广大地区均有它们的印记。其中包括一种阶梯形山墙，它一般为两级或三级，常通过山墙墙体上随附的线条突显轮廓。顶部饰以弧线或饰物，装饰的样式同样是艺术简化后的龙以及其他具有象征意义的动物。还有一种山墙十分流行，其中部为一个巨大的圆形，附有双耳，耳部通常以急转而上的尖锐造型接续中部的上弯曲线。如此一来，整体建筑形似一只左右呈尖角的帽子。这一式样后来又演化出各种变型。中间部位保持不变，双耳尖端距离缩紧，且弧线上升得极为突然，或者双耳以柔和的线条弯曲，山花上装饰各类浮雕与彩绘。这方面尤以四川的想象力为最。在另一种山墙式样中，山墙的轮廓随屋顶弧线而行，并将其效果放大，或者重复屋顶的直线线条。这种不起翘的直线屋顶大量分布在全国各地。不过，这种山墙线条通常做成折断式。而长江沿岸有一个地区，大约在四川与湖北交界处附近，在此区域的城市与乡间可发现一种小巧秀丽的建筑造型。山墙面颇为平整，且整面尽量涂白，山墙边界线条柔和，顶部以浮雕装饰成精致的旋涡形状，窄小的三角形山花处勾画着五彩缤纷、尺寸适宜的各式线条及涡纹图案和其他装饰图案。这种式样实为中国艺术中的亲切可人之作。这种山墙建筑是宜昌府周边地区的标志。它们绝对算不上高规格建筑，尽管如此，却使那里的风貌别具特色，充满魅力。

屋顶翘角

山墙的生动形象无疑要归功于屋顶本身活泼灵动的造型。本书在研究中国厅堂时，已阐述过屋顶线与面弧度的起源。中国人之所以能创造出这些独一无二的式样，其内在驱动力根本上源自充盈着我们自身及周遭所有事物的自然生命感，以及将这种永恒的感动以艺术手法表现出来的愿景。屋顶的显著曲线使建筑向上收尾，向空旷的大自然过渡，没入树丛，伸入空中，腾云戏雾。如果说这种造型的产生有深厚的精神和自然哲学基础，那么，据我们对中国文学、宗教、艺术，特别是对现在在世的著名人士的了解，有关中国人终极信仰的论述并没有过多涉及这一方面。眺望宜昌府漫无边际的房屋建筑群，普通房舍广泛采用缓斜的屋顶，而正是这些地方，正脊、墙顶装饰及山墙耳部的翘角向上弯曲，使得原本平面的图景充满了生命力。与我们常用的手段相比，这种方式展现出一种对待自然和艺术表达本质完全不同的、更加亲密的态度。这种有意识生命体的印象与一种堪称典范的韵律感结合在了一起，身临这座城市的街道中时，感觉则更为强烈（参见230—231页，图276—图277）。而这只是无数建筑中的几例。因为那些细节式样活灵活现的山墙脊角也精准地以同一造型复制到乡村中。例如在湖南的一些村庄，就连普通村民也怀有同样的精神追求，与思维定型的城市群体无二（参见232页，图278—图279）。端部的翘角也常常出现在各地的大门、封顶建筑和路边祭坛上。人人都愿意将这种城市常见元素运用到自己家中，而民居上丰富生动的浮雕以及明艳活泼的色彩恰恰最清晰地反映出中国人对天人合一的愉悦和满足。

屋顶覆面

形形色色的屋顶装饰依屋顶覆面的种类而定，而后者本身便使屋面产生强烈的起伏之效。覆面基本采用僧尼瓦方式[①]建造。大体来说只有两种屋瓦种类。较为简单的覆面使用长约25厘米的段状拱形板瓦[②]，通常叠盖成相当密集的鳞状。尼瓦或直接铺在排列十分紧密的薄椽木上，或摆入整面盖板上的压实灰层中。这种方式已使屋面具有明显的凹凸线条，产生清晰的纵向瓦垄。有时，板瓦分层叠放成厚厚的瓦堆，可直接用于搭建屋脊（参见234页，图282），且不限于正脊部位，也可搭造屋顶装饰，甚至是弧形的正脊两端。此外，人们还将这种板瓦组合出层出不穷的图案（参见235—237页，图283—图285），它们完全由相同的基本零件构成，作为横饰带邻接围墙上缘，并使围墙与旁边的屋顶在材料与风格上趋于统一。所有重要建筑物则使

[①] 指中世纪从意大利南部兴起的一种屋顶覆面形式，用于双坡或单坡顶，屋瓦呈半圆柱体，类似中国的筒瓦。凹面朝下的瓦为"僧"，即合瓦；凹面朝上的瓦为"尼"，即仰瓦。
[②] 即板瓦。

用更加气势雄伟的屋顶覆面式样，以半圆拱形的长条状屋瓦为材料（参见 22 页，图 11；235 页，图 283），将它们像尼瓦那样逐片仰合搭接在一起，再用灰泥嵌缝，最终得到层次分明的沟槽与隆起。于是，屋顶外层分解为一条条清晰的线。从建筑立面正视图的角度看去，它们为厅堂立柱的垂线增添了新的竖直线条，如书中大量图片所示，加强了建筑外观有意设计出的固定节律。同时，在这一角度下，屋面弧度的透视变化尤为显著，从对角线位置看则更是如此。而屋顶的线条通过透视的改变为建筑图景注入了那种特有的强烈生命力，所有形式的建筑均闪烁着这种生命之光。

屋顶装饰

在带有山花或重檐的屋顶式样、独特的屋顶覆面以及屋面与轮廓的弧度之后，装饰的程度最终在各种顶饰中达到高潮。单是山花结构便已造就了一个如此丰富的体系，其中包括垂脊、局部边饰、山墙边饰、正脊以及重檐顶中的人字形山花装饰，由此必定推动了各种刻着浮雕花纹的横饰、角饰和顶饰的形成。在此之前已经先行发展出檐瓦。它们排列紧密，以可追溯到汉代的独特式样组成一道花纹饰带。其装饰屋檐的效果还得益于以同样密度排列在檐瓦正下方的单排或双排椽头。屋顶装饰体系正是建立在这一基础之上。

除了样式最简单的建筑，要使屋顶达到完整收尾的效果必须对正脊进行造型的打造，使其以平直清晰的线条横跨在通常饰有龙首或海豚①的两个端点之间。在第一章探讨北京前门的雄伟门楼时，已特别介绍过整条正脊的内在意义。各种屋顶装饰式样均可登上这条正脊。屋顶的饰物与图案由陶土烧制，或用灰浆、灰泥制成，规格款式多种多样，并将若干式样结合使用。陶土被塑造成各种构件、砖石、腰花、人物形象，烧制后大多还要继续加工塑形，或涂上浓重且底色清晰的釉料。为了使各部件牢牢固定在一起，接合前已做好榫孔；为了使其变得具有可塑性，石灰和砂土混合成的灰泥或灰浆中加有黏土，再掺入作为黏合剂的纤维和纸类使其坚固结实；最后在大多以线为装饰材料制作的内部骨架上，用混合物进行塑形。有关制造工艺，在此简略带过足矣。

陕西庙台子的一些大殿脊饰可作为精美华丽的无釉陶制顶饰的典范。与邻省山

---

① 或指鸱尾、鸱吻或鳌鱼。

西、河南相比，该省尤以此类陶制艺术品闻名。为留侯张良而建的祠庙上排列着亲切可爱的饰物（参加 238 页，图 286—图 287）。三块气势不俗的匾额以及宽阔的屋面下缘由位于柱间的装饰性木雕框住，其轮廓就像打褶的织物窗帘。屋面上缘则是颇高的屋脊装饰带，上面布满自然主义风格的砖石纹饰，顶部骑有众多动物及人物雕塑，有如我们的屋脊小塔。该庙内还有一座小亭，其顶部诠释了丰富的装饰元素、精湛的工艺技巧，以及生动自信的轮廓线条的含义（参见 239 页，图 288）。尽管规模不大，亭子仍选用了山花元素，以期借由大量脊饰带体现出生命力与喜悦感。在陕西，人们至今仍以同样的材料和最原始的艺术手法雕刻这些屋瓦装饰。笔者在一位德国牧师的介绍下，得到一批这种近现代时期的屋顶陶饰，现被玛琳堡（Marienburg）收入陶器藏品中。它们当时正是为实际使用而造（参见 240 页，图 289）。这些艺术品以流畅的线条轮廓与清晰的艺术思想成为了建筑装饰的上乘之作，并足以彻底打破有关中国的刻板认识。

除了烧制的砖瓦装饰，由灰泥制成的灰塑也是中国屋顶装饰的一种形式。这种艺术风格主要盛行于长江流域和中国南部地区。究其原因，首先是气候因素影响。由于那些地区很少出现霜冻，因而灰塑远比在天寒地冻的北方持久得多。另外，使用灰泥的技艺为雕刻提供了很大程度上的开放性。这对中国南方活跃的艺术想象力来说是至关重要的。在那里，尤其是最南部的地区，中国古老的艺术思想与过度膨胀的形式需求以及南亚狂欢式的表达相交会。在此影响下的产物洋溢着热情，显露出奔放恣意的创造力，连我们巴洛克时期那些令人眼花缭乱的作品都相形见绌。

屋脊

有一个元素在所有变种式样及新增的屋脊装饰中一再重复出现，并具备简洁明了地展现中心思想的能力，那便是双龙戏珠主题。宝珠位于正脊中央，双龙在两侧呈自然对称之态。毫无疑问，以特殊装饰突出正脊中部并不是中国古代的做法。这一式样后来才在中国出现，且明显受到佛教影响。传统建筑物、宫殿和大型官方庙堂无不设有走势平直的正脊。如今，这种美妙的正脊装饰在道教庙宇和私人建筑中也极其常见。宝珠通常被直接表现为佛教的三重或五重宝珠形式，但另一方面，它已完全踏入中国古代思想体系的范畴。在广西和广东的一些建筑物的正脊上（参见 241—242 页，

图 290—图 292 ），该元素以天空为背景，呈现出富有动感的轮廓，旁边还辅以大量的纹饰造型、海豚水兽、树木植物、点缀其间的鸟类和各种小动物、字牌以及人物群像装饰。正脊还特别加高，为丰富的饰物营造空间，同时与活泼鲜明的山墙装饰相呼应。有时，龙的位置由凤凰代替，也可是图 293—图 294 （参见 243 页）中的鹿与鳌鱼。屋脊上偶尔也会出现一种奇特的元素——龙门。它占据正脊正中的位置，以鱼和龙门来表现宝珠的寓意。鱼跃过龙门后即在另一侧变化为龙，象征完满成功。艺术家偏好这种隐含寓意的表现手法，他们充分利用制作坚固灰塑的技艺所提供的可能性将真正的图画以浮雕形式搬上了屋脊。宁波府的一些实例甚至还将它们与铁制线条装饰结合在一起（参见 245 页，图 297—图 298 ）。

四川是中国面积最大、最富有、最美丽的省份之一。这里的人们同样喜爱在屋顶使用灰塑，这些装饰在那里的气候环境中尤为经久耐用。四川人在发散想象力、自由创作的同时，仍遵守着严格的建筑结构要求，即使是非常灵活的式样，也赋予其必要的固定姿态。这与四川人高超的艺术鉴赏力相符，而这种艺术造诣体现在从音乐、文学作品、服饰到造型艺术和绘画的各个领域。此外，他们还找到了丰富饰物的新元素，即在以屋顶为主的灰泥区域，借助陶瓷碎片为其增添生命力。这些碎瓷片嵌入灰泥之中，以五彩缤纷、耀眼明丽的颜色营造出一种十分欢快喜庆的气氛。那里的正脊中间常塑有三角形饰物，其纹饰线条极为繁复，通常将宝珠围在中间。它与正脊和屋顶、更与垂脊和山墙上的其他装饰交相辉映，极尽奢华之效。当然，各地的正脊和垂脊上都不乏表现力强烈的饰物作品。北方省份以美轮美奂的陶制琉璃构件以及纯金属角饰见长。设有金属屋顶的地方，如热河（参见 249 页，图 309—图 310 ），屋脊上甚至使用了形态怪诞的龙饰。不过，四川形形色色的式样仍属屋顶造型之最。虽然初看之下似乎过于强调纯装饰性，但从结构布局和风格统一性的角度来看，这些脊饰与其他建筑部件均完全从属于气势宏大的建筑整体。图 311—图 313 （参见 250—252 页）中，屋顶式样的规格逐步提高，直至最后一座华美亭式楼阁将屋顶的华丽程度推向极致。

图 253. 河南彰德府^①塔寺^②内一座殿堂的山墙

图 254. 浙江普陀山法雨寺的山墙

---

① 今河南安阳市。
② 或为安阳天宁寺。该寺以天宁寺塔（文峰塔）而著称。

图 255. 山西五台山北边一座乡村庙观的山墙

图 256. 清西陵慕陵享殿的山墙。约建于 1850 年

图 257. 上海一座茶楼的山墙　　　　　　　　图 258. 湖南长沙府一间商铺的山墙

图 259. 湖北宜昌府一座庙观的山墙

图 260. 湖南长沙府孔庙入口的阶梯状山墙

图 261. 湖南一座宗祠的阶梯状山墙

图 262. 湖南醴陵县一间房屋的阶梯状山墙

图 263. 湖南衡州府一家路边饭馆的山墙

图 264. 湖南永州县一家路边饭馆的山墙

图 265. 四川成都府一间会馆的山墙

图 266. 湖北宜昌府附近一座农庄的山墙

图 268. 四川巫山县的山墙

图 267. 四川巫山县的山墙

图 269. 四川巫山县的山墙

图 270. 湖北宜昌府的山墙

图 271. 湖北宜昌府的山墙

图 272. 四川万县汉桓侯祠（张飞庙）门厅的山墙

图 273. 湖北宜昌府郊外的山墙

图 274. 湖北宜昌府郊外的山墙

图 275. 湖北宜昌府郊外的山墙

图 276. 湖北宜昌府屋顶起翘的建筑群

图 277. 湖北宜昌府一条两旁屋顶均起翘的街道

图 278. 湖南衡州府一条两旁屋顶均起翘的乡村街道

图 279. 湖南衡州府一座屋顶起翘的住宅

图 280. 湖北宜昌府的路边祭坛与屋顶正面
起翘的房屋

图 281. 湖南衡州府一座起翘的门罩

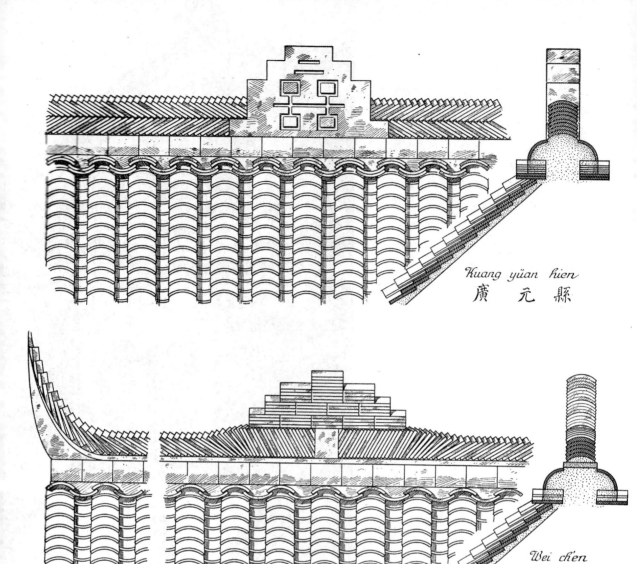

Kuang yüan hien
廣　元　縣

Wei ch'en
bei
Tsze tung hien
梓　潼　縣

魏城镇

图 282. 四川北部房屋的正脊。它像屋面一样由同样的板瓦堆叠而成

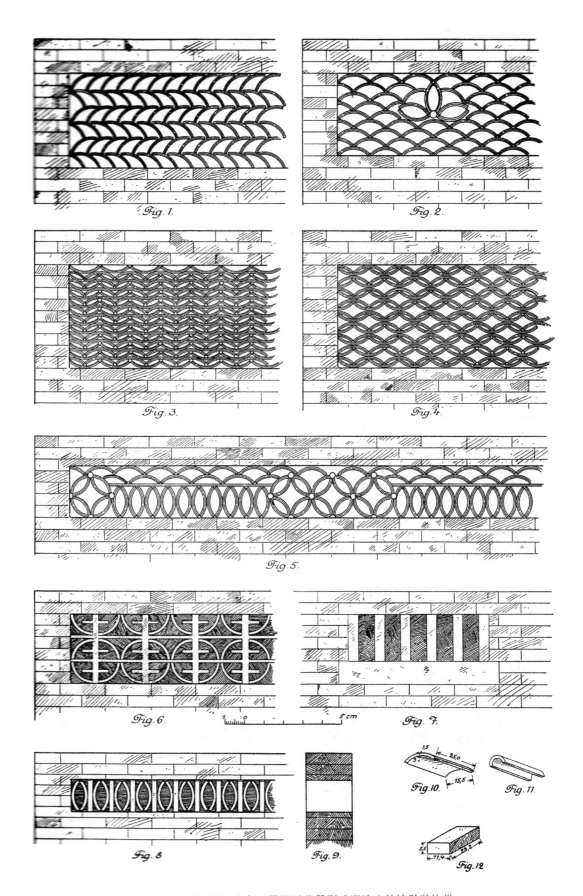

图 283. 山东用屋瓦以分段形式塑造出的墙壁装饰带

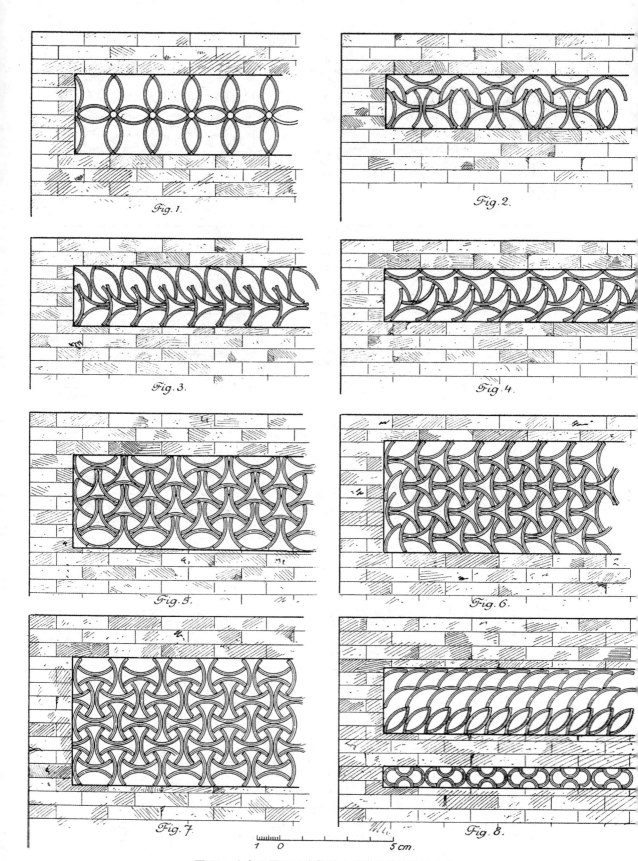

Fig. 1.

Fig. 2.

Fig. 3.

Fig. 4.

Fig. 5.

Fig. 6.

Fig. 7.

Fig. 8.

1 0 5 cm.

图 284. 山东用屋瓦以分段形式塑造出的墙壁装饰带

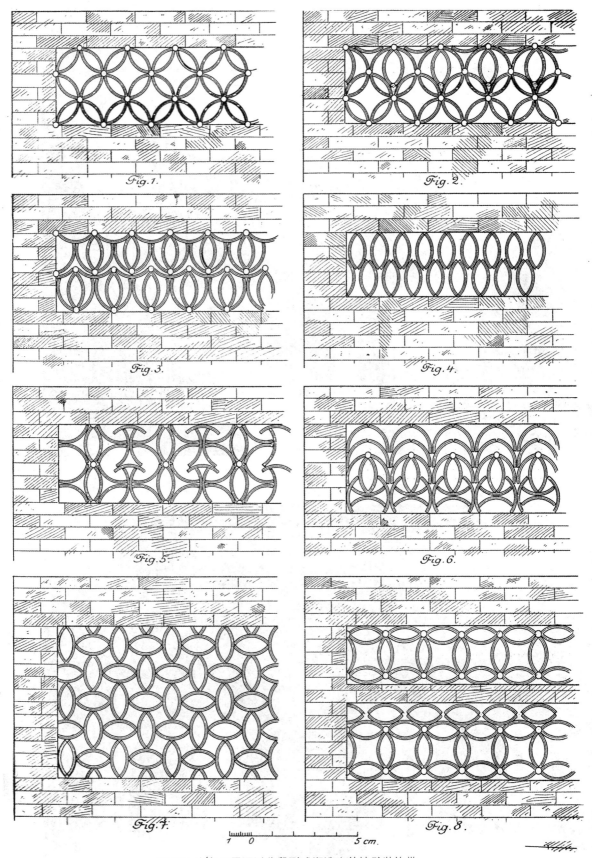

图 285. 山东用屋瓦以分段形式塑造出的墙壁装饰带

图 286. 上海城隍庙屋顶的脊饰带

图 287. 陕西庙台子大殿屋顶的脊饰带

图 288. 陕西庙合子一座亭子顶部的装饰带

图 289. 陕西西安府西北边陶质屋顶上的装饰。烧制于 1908 年

图 290．广西梧州一座庙观入口大殿正脊上的装饰带

图 291．广西桂江边古道滩一座庙观入口大殿正脊上的装饰带

图 292. 广东广州药王庙正脊上的装饰带

图 293. 热河须弥福寿之庙一座亭子正脊上的装饰带。脊饰为雄鹿、雌鹿与宝珠，装饰带由黄色与绿色的琉璃陶瓷组成。四座亭子中的另一座则以雌雄孔雀与宝珠为脊饰

图 294. 上海一座庭园大门上的墙脊装饰。该装饰为铁质三叉戟置于两侧鳌鱼之间的造型

图 295. 四川自流井一座正脊上嵌有彩色瓷片的宗祠

图 296. 浙江宁波府一座庙观正脊上的装饰带。上塑有两条鲤鱼跃过夹于二龙之间的龙门

图 297. 浙江宁波府城隍庙饰以灰塑与熟铁造型的正脊装饰

图 298. 浙江宁波府福建会馆饰以灰塑与熟铁造型的正脊装饰

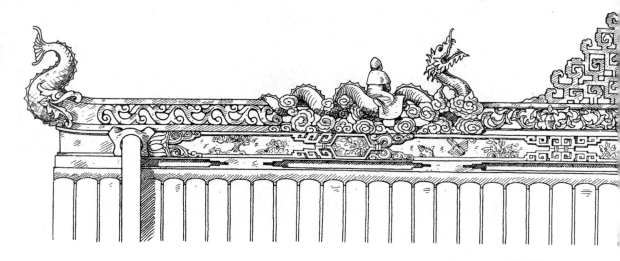

图 299

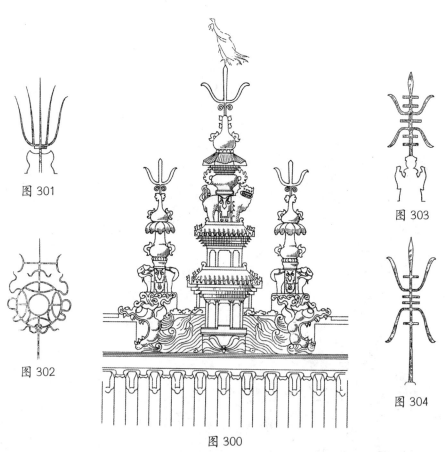

图 301

图 302

图 300

图 303

图 304

图 299. 陕西勉县的彩绘嵌瓷正脊。正脊结构高 3 米，由施有彩绘的灰塑与彩色瓷片构成，最长处可达 15.50 米

图 300. 山西太原府郊南十方院由琉璃与熟铁制成的脊饰部件。正脊为琉璃与熟铁所制。顶部立有一只熟铁打造的凤凰。整个正脊高约 4 米

图 301—图 304. 山西太原府郊的铁质尖顶

图 306

图 307

图 305

图 305—图 307. 山西鲁村周边琉璃正脊上的熟铁顶饰。呈对称状的文字为"吉祥""长寿""天下太平"
（图 306），"日""月""天下太平"（图 307）

图 308. 山西太原府北十方院正脊上的装饰。该装饰为黄色琉璃釉，顶端为铁质

图 309. 热河须弥福寿之庙的铜质屋顶。屋顶上的鱼鳞瓦、脊瓦和脊兽的材质皆为铜鎏金。顶部攒尖顶的四条脊上有游龙八条，每脊各二条，单坡顶四条脊的末端饰以长着象鼻、海豹的龙头

图 310. 热河须弥福寿之庙铜质屋顶的近景照片

图 311. 四川自流井郊外陈家村村会馆（南华宫）屋顶上的装饰。从此处视角可见到正脊脊饰与山墙

图 312. 四川万县汉桓侯祠（张飞庙）戏台屋顶上的装饰

图 313. 四川自流井山西会馆戏台屋顶上的装饰